Carl-Auer

Cornelia Edding · Karl Schattenhofer

Einführung in die Teamarbeit

Dritte Auflage, 2020

Umschlaggestaltung: Uwe Göbel
Satz: Verlagsservice Hegele, Heiligkreuzsteinach
Printed in the Czech Republic
Druck und Bindung: FINIDR, s. r. o.

Dritte Auflage, 2020
ISBN 978-3-8497-0088-1 (Printausgabe)
ISBN 978-3-8497-8227-6 (ePub)
© 2012, 2020 Carl-Auer-Systeme Verlag
und Verlagsbuchhandlung GmbH, Heidelberg
Alle Rechte vorbehalten

Bibliografische Information der Deutschen Nationalbibliothek:
Die Deutsche Nationalbibliothek verzeichnet diese Publikation
in der Deutschen Nationalbibliografie; detaillierte bibliografische
Daten sind im Internet über http://dnb.d-nb.de abrufbar.

Informationen zu unserem gesamten Programm, unseren Autoren
und zum Verlag finden Sie unter: **www.carl-auer.de**.

Wenn Sie Interesse an unseren monatlichen Nachrichten haben,
abonnieren Sie den Newsletter unter http://www.carl-auer.de/newsletter.

Carl-Auer Verlag GmbH
Vangerowstraße 14 • 69115 Heidelberg
Tel. +49 6221 6438-0 • Fax +49 6221 6438-22
info@carl-auer.de

Inhalt

Vorwort

Der Leitgedanke

Ein Team ist eine Gruppe von drei bis ca. zwölf Personen, die aufeinander angewiesen sind, um ein gemeinsames Ziel zu erreichen, ein Produkt zu erstellen oder eine Leistung zu erbringen. Innerhalb eines gesetzten Rahmens kann die Gruppe den Arbeitsprozess selbst gestalten. Teams unterscheiden sich darin, wie »teamig« sie sind, wie viel Raum sie für eigene Gestaltungsprozesse haben, wie weit sie sich selbst steuern und über das Wie ihrer Arbeit bestimmten dürfen – mehr dazu im *ersten Kapitel*.

Innerhalb der ihm gesetzten Grenzen muss jedes Team einen Weg finden, seine Arbeitsaufgabe gut zu erledigen, aber nicht nur das – die Arbeit muss so getan und die Zusammenarbeit so gestaltet sein, dass es die Teammitglieder einigermaßen zufriedenstellt; sind sie ganz und gar unzufrieden, werden sie ihre Arbeit schlecht tun und ungern zusammenarbeiten, ja, vielleicht sogar versuchen, das Team zu verlassen. Schließlich muss jedes Team auch noch seinen eigenen Erhalt sichern, es muss sich selbst als kleines soziales System stabilisieren. Die Grenzen des Teams müssen einerseits klar sein, sodass jeder weiß, wer dazugehört und wer nicht; sie müssen zugleich so durchlässig sein, dass das Team anpassungs- und lernfähig bleibt und auf veränderte Umweltanforderungen reagieren kann. Ein Team darf nicht zur Clique werden, aber es soll auch nicht zerfallen. Diese drei Anforderungen gleichzeitig zu bewältigen – die Arbeitsaufgabe gut zu verrichten, die Mitglieder zufriedenzustellen und das System zu erhalten – ist ein kniffliger Balanceakt. Wie leicht kann da etwas aus dem Gleichgewicht geraten, wie schnell kann es passieren, dass die Mitglieder zwar zufrieden sind, die Qualität der Arbeit aber leidet – oder auch umgekehrt. Wie leicht kann es geschehen, dass sich das Team gegenüber einem neuen Vorgesetzten abschließt oder dass hoher Zeitdruck innere Zerfallserscheinungen hervorruft.

Die Aufgabe, sich mit diesen verschiedenen Anforderungen erfolgreich zu arrangieren, löst jedes Team ein bisschen anders. Sie ist zudem nicht nur einmal zu lösen, sondern muss immer wieder neu geschafft werden, denn die Arbeitsanforderungen verändern sich, und die Teammitglieder tun es auch. Im Verlauf dieses andauernden Prozesses entsteht allmählich die Ordnung (oder auch »Eigengesetzlichkeit«) eines Teams.

Diese Ordnung kann von außen beeinflusst, aber nicht völlig kontrolliert werden. Einflussfaktoren sind zum Beispiel die Rahmenbedingungen der Arbeit: die zur Verfügung stehende Zeit, die materiellen und personellen Ressourcen und natürlich die Arbeitsaufgabe selbst. Diese Faktoren sind für die Qualität der Zusammenarbeit von Bedeutung. Darüber hinaus entstehen im Zuge der gemeinsamen Arbeit Regeln und Normen, nach denen die Teammitglieder sich verhalten. Es entstehen Rangordnungen und Rollen, es entsteht ein Bild, das das Team von sich und seiner Arbeit hat, es entstehen Routinen zur Bewältigung von Krisen und Konflikten – all dies nennen wir die Ordnung eines Teams. Diese Ordnung ist seine Besonderheit, keine gleicht der anderen, auch wenn manche einander ähnlich sind.

Für die Arbeit in und mit Teams ist die Ordnung sehr bedeutsam. Denn um ein Team erfolgreich zu beraten, es gut zu leiten oder produktiv in ihm zu arbeiten, muss man seine Ordnung kennen. Ganz besonders gilt dies, wenn es darum geht, ein Team zu entwickeln oder es bei der Bewältigung von Problemen zu unterstützen. Die Chance, Veränderungen zu bewirken, steigt, wenn den Intervenierenden die Ordnung des jeweiligen Teams zumindest teilweise bekannt ist. Sonst bleiben die guten Impulse in den eingefahrenen Routinen stecken.

Wie können wir die Ordnung eines Teams zu Gesicht bekommen – vielleicht nicht vollständig, aber zumindest in wichtigen Teilen? Es ist doch eine geheime Ordnung, denn alle Teammitglieder leben und arbeiten danach, ohne sie jedoch zu kennen. Sie ist ihnen so selbstverständlich wie die Luft, die sie atmen – denn gegenüber den Selbstverständlichkeiten unseres Lebens und unserer Kultur sind wir blind. Es bedarf eines gewissen Abstands, damit man sie wahrnehmen kann. Daher finden auch nur Besucher aus fernen Ländern unser alltägliches Verhalten bemerkenswert: Sie betrachten es aus einer gewissen Entfernung und staunen über unsere sonderbaren Sitten und Gebräuche.

In gleicher Weise brauchen alle, die die Ordnung eines Teams ansehen möchten, etwas Distanz. Berater und Supervisoren haben es daher leichter als Teamleiter und Mitglieder. Aber auch unmittelbar Beteiligte können Abstand gewinnen. Durch Gespräche mit Außenstehenden und/oder die Lektüre eines (dieses?) Buches. In diesem Sinne kann unsere *Einführung in die Teamarbeit* als Gegenüber dienen, mit dessen Hilfe es leichter wird, die Eigenarten eines Teams – und sei es auch des eigenen – zu untersuchen und zu verstehen.

Jeder Mensch hat eine Lieblingsbrille, die er aufsetzt – meist ohne es zu merken –, um soziale Situationen zu betrachten und zu verstehen. »Lieblingsbrille« heißt: Bestimmte Aspekte der Situation fallen einem ins Auge und beflügeln die Vorstellungskraft; andere erscheinen uninteressant und werden vernachlässigt. Bei der Betrachtung von Teams gibt es drei besonders beliebte Brillen:

- Die individuumzentrierte Wahrnehmung stellt die Einzelperson und ihr Verhalten in den Mittelpunkt und erklärt sich Probleme, Besonderheiten und Konflikte aus der Persönlichkeit, dem Charakter des Einzelnen.
- Die gruppenbezogene Wahrnehmung fokussiert auf die Beziehungen der Gruppenmitglieder zueinander, auf Spannungen und Konflikte, auf Rivalitäten, Außenseiter und Fraktionen.
- Die organisationsbezogene Wahrnehmung sieht das Teamgeschehen vor allem als Folge äußerer Einflüsse und Rahmenbedingungen. Entscheidend ist die Teamumwelt.

Wenn wir im Folgenden einzelne Fälle untersuchen, betrachten wir sie nach einer kurzen Situationsbeschreibung aus verschiedenen Blickwinkeln (in der Sprache der Systemiker »Unterscheidungen« genannt). Die Leser und Leserinnen können so ihre eigene (Lieblings-)Brille kennenlernen und blinde Flecken entdecken. Zudem können sie Schritt für Schritt nachvollziehen, wie eine Situationseinschätzung entsteht und welche Interventionen diese Einschätzung nahelegt. Die Transparenz des Vorgehens erlaubt (und erfordert) es, bei jedem Schritt zu überprüfen: »Teile ich noch die hier beschriebene Einschätzung?«

Das Erkennen der Ordnung eines Teams wird nie vollständig sein, sondern immer nur in Ausschnitten gelingen. Es ist mit diesem Erkennen so wie mit dem Einfühlungsvermögen: Wer sich in einen anderen Menschen einfühlt, erkennt etwas von diesem anderen, fügt aber auch Eigenes hinzu. Ebenso bringt das Bemühen darum, ein Team zu verstehen, eine Mischung aus Verstandenem und Konstruiertem, aus Vorgefundenem und Hinzugefügtem hervor, die sich uns als ein Ganzes darstellt.

Auch wenn das Erkennen der Ordnung unvollständig bleibt und zudem subjektiv eingefärbt wird – jeder, der in und mit Teams arbeitet, braucht eine leidlich solide Einschätzung der Gruppe und ihrer Themen, und dies aus zwei Gründen:

1) Wer erfolgreich intervenieren will, muss sich sicher machen. Eine Analyse, von der der Berater, der Teamleiter oder das Teammitglied überzeugt sind, liefert, unabhängig von ihrer »Richtigkeit«, ein Fundament, auf dem der Intervenierende stehen kann. Wer sicher ist, kann seine Worte mit der nötigen Entschlossenheit vortragen und kann auch stehen bleiben, wenn er auf Widerstand oder Ablehnung stößt. Damit wachsen die Chancen, etwas in Bewegung zu bringen.

2) Die Ordnung, die ein Team im Laufe seiner Zusammenarbeit und in Auseinandersetzung mit den von außen gesetzten Bedingungen seiner Existenz entwickelt, ermöglichen und begrenzen seine Arbeit und seine Entwicklung. Zur Bearbeitung von Problemen und zur Weiterentwicklung der Kompetenz eines Teams, über sich selbst nachzudenken und sich auf diese Weise zu steuern, bedarf es des Nachdenkens über Aspekte seiner Ordnung. Wer die Ordnung zur Sprache bringen will, muss sie beschreiben können. Das geht nur mit einem eigenen Modell.

Zu diesem Buch

Für wen haben wir die *Einführung in die Teamarbeit* geschrieben, wie ist das Buch aufgebaut, und welches Vorgehen empfehlen wir den Leserinnen und Lesern?

Mit Teamarbeit beschäftigt man sich dann, wenn sie nicht (mehr) klappt, wenn es nicht rundläuft, die Qualität der Ergebnisse nachlässt oder das Team mit den Anforderungen nicht mehr zurechtkommt. Möglicherweise sind Sie gerade gefragt worden, ob Sie ein Team in schwieriger Lage beraten könnten. Oder Sie möchten als Leiterin einer neu eingerichteten Arbeitsgruppe einige Fehler vermeiden. Vielleicht verstehen Sie auch einfach nicht, was in Ihrer Projektgruppe los ist, oder Sie überlegen, was Sie tun könnten, damit Ihr Team nicht immer wieder in die gleiche unproduktive Sackgasse gerät. In Situationen wie diesen können Berater, Leiter, Mitglieder von Teams zu diesem Buch greifen. Es hilft zu verstehen, was los ist. Sie können die Teamsituation unter verschiedenen Aspekten betrachten und sich eine Meinung erarbeiten. Dann können Sie sich mit besserer Aussicht auf Erfolg der Frage zuwenden, was zu tun ist.

Wir verstehen unser Buch als eine Arbeitshilfe zum Verstehen von Teamarbeit vor dem Hintergrund eines systemisch-gruppendynamischen Modells – denn das Verstehen erhöht die Chance, erfolgreich zu handeln. Deswegen haben wir es folgendermaßen aufgebaut:

Zunächst stellen wir im *ersten Kapitel* unser Teammodell im Überblick dar. Es bildet die Grundlage des weiteren Textes, und wir beziehen uns häufig auf die dort verwendeten Begriffe und Unterscheidungen.

Im *zweiten Kapitel* definieren wir, von welchen Teams dieses Buch handelt, und beschreiben, welche Rahmenbedingungen den Start eines Teams prägen und welche Auswirkungen dies auf die Teamarbeit hat.

Die Praxis steht im Mittelpunkt des *dritten Kapitels*. Wir präsentieren sieben Fälle aus dem Alltag der Teamarbeit und reflektieren sie unter verschiedenen Perspektiven, die wir »Folien« nennen. Denn eine Teamsituation ist fast nie eindeutig – man kann sie in der Regel so, aber auch anders verstehen. Wir bieten Ihnen also verschiedene Verstehensmöglichkeiten an, entscheiden uns dann für eine und entwickeln auf dieser Grundlage Handlungsperspektiven für Mitglieder, Berater und Leiter. Vertiefende Ausführungen zum Modell und Forschungsergebnisse schließen jeden Fall ab. *Wir ordnen damit die Begriffe, Konzepte und Forschungs-*

ergebnisse um die einzelnen Fälle an und verwenden die Fälle als Ausgangspunkt der Darstellung und nicht unsere theoretischen Annahmen.

Dieses Vorgehen lädt Sie ein, uns beim Entdecken der Ordnung über die Schulter zu schauen.

Im *vierten Kapitel* öffnen wir unsere Toolbox zu Fragen wie: Was können Einzelne dazu beitragen, dass in einem Team die kritischen Punkte zur Sprache kommen? Wie können Teams reflektieren und lernfähig werden? Wie hängen Verstehen und Verändern zusammen?

Zum Schluss, im *fünften Kapitel*, geht es um die Frage: Kann der Einzelne Teamarbeit lernen, und, wenn ja, worauf kommt es dabei an?

Alle Teile, mit Ausnahme von Kapitel drei, sollte man besser im Zusammenhang lesen, die Fälle können Sie unabhängig voneinander lesen – suchen Sie sich aus, was Sie neugierig macht.

Vor jedem Fall (und auch vor jedem Kapitel) steht daher eine kurze Zusammenfassung.

Wir bedanken uns bei unseren Kolleginnen und Kollegen, insbesondere bei Irmengard Hegnauer-Schattenhofer und Gerd Schüning, die uns Fälle aus ihrer Praxis zur Verfügung gestellt haben. Für das Lesen und kritische Kommentieren des Textes bedanken wir uns bei Ruth Back, Georg Becker, Joachim Fuchs, Regina Kleversaat, Rolf Kulas und Norman Thelen.

Cornelia Edding & Karl Schattenhofer
Klaushagen/München, im Februar 2015

1 Das Teammodell im Überblick

In diesem Kapitel stellen wir unser Teammodell vor. Wir beschreiben, mithilfe welcher Unterscheidungen wir ein Team anschauen und seine innere Ordnung zu verstehen trachten. Auf diesem Konzept fußen alle weiteren Überlegungen und die Analyse der praktischen Fälle.

Auf der Suche nach der besonderen Ordnung eines Teams ist es nützlich zu überlegen, wo man überhaupt suchen könnte, in welche Richtungen zu schauen wäre und welche Fragen zu stellen wären. Dabei hilft ein Modell, das den Blick lenkt und der Suche die Beliebigkeit nimmt.

Seine wichtigsten Aspekte werden jetzt im Überblick geschildert. Eine genauere Darstellung einzelner Teile geschieht in den folgenden Kapiteln. Das Modell hat verschiedene Wurzeln: die Theorie sozialer Systeme, die Gruppendynamik und die sozialpsychologische Forschung zu kleinen Gruppen. Ein Modell, auf das wir uns schwerpunktmäßig beziehen, ist das Modell in K. Schattenhofer (1992, S. 41–66: »Gruppen als selbststeuernde und selbstreferenzielle Systeme«), ein weiteres die Theorie von H. Arrow, J. E. McGrath und J. L. Berdahl (2000, pp. 33–60: »Small groups as complex systems«); einen Überblick über die verschiedenen Stränge und die Ergebnisse der Kleingruppenforschung gibt C. Edding (2009a, S. 47–83).

1.1 Drei Anforderungen an jedes Team

Jedes Team hat, wie bereits erwähnt, drei Leistungen zu erbringen, die sehr unterschiedlich sind und nicht selten zueinander in Spannung stehen, die aber immer wieder gegeneinander und miteinander auszubalancieren sind.

Zum einen hat das Team eine Aufgabe zu erfüllen, es muss eine bestimmte Arbeit leisten. Dazu wurde es gegründet oder eingerichtet.

Zum Zweiten muss ein Team seinen Mitgliedern etwas bringen, ihre Interessen und Bedürfnisse müssen in gewissem Umfang befriedigt werden, damit sie ihr Engagement und ihre Arbeitsleistung zur Verfügung stellen. Das kann durch Geld geschehen, durch Anerkennung, das Gefühl der Zugehörigkeit, durch Erfolg u. a. m.

Und schließlich hat jedes Team die Aufgabe, sich selbst zu erhalten und zu pflegen. Dieser Systemerhalt geschieht zum Beispiel durch die Entwicklung von Strukturen und Regeln, von Normen und Rollen.

Der Prozess, in dem dies immer wieder geschieht, in dem ein Team versucht, seine Arbeit zu tun, seine Mitglieder zufriedenzustellen und sich selbst zu erhalten, bringt eine besondere Ordnung hervor. Es ist ein fortlaufender Prozess, denn die prekäre Balance zwischen den geschilderten Leistungen verändert sich, wenn Arbeitsanforderungen oder Arbeitsbedingungen sich verändern oder wenn Teammitglieder wechseln.

Das, was wir zum Zeitpunkt X als die Ordnung eines Teams wahrnehmen, ist geprägt durch seine Geschichte, seine Bemühungen, den drei Anforderungen gerecht zu werden, und die Erfahrungen, die die Teammitglieder dabei gemacht haben. Denn jedes Team hat eine *Geschichte*; manche haben eine kurze, überschaubare, andere eine lange, ereignisreiche Geschichte. Ob lang oder kurz, diese Geschichte ist bedeutsam; sie hat die Beziehungen geprägt und die Kultur des Teams geformt. Sie hat das Team gelehrt, wie viel Spannung die Teammitglieder aushalten können, welche Art der Leitung für sie akzeptabel ist, wie man nach einem Streit am besten weiterkooperiert und vieles andere mehr. Wie die Lebenslinie einer Person ist die Teamgeschichte durch Aufs und Abs, durch Krisen, Abbrüche, Einschnitte oder auch Phasen des Gleichmaßes gekennzeichnet. Die Geschichte ist ein prägendes Element der jetzt geltenden Ordnung.

Die Ordnung eines Teams entsteht aus:

- dem Bemühen um die Bewältigung der Aufgabe
- dem Bemühen um Zufriedenheit des Einzelnen
- dem Bemühen um den Erhalt des Systems
- und den Erfahrungen, die dabei gemacht werden (seiner Geschichte).

1.2 Das Team und seine Umwelten

Teams als soziale Systeme sind in Umwelten eingebettet, von denen sie sich unterscheiden und gegenüber denen sie Grenzen ziehen und aufrechterhalten. Aus soziologischer Sicht (vgl. zuerst Homans 2013; dann z. B. Neidhardt 1979 und später, aus systemischer Sicht, Willke 1978; Simon 2014, S. 85 ff.) hat es sich als sinnvoll erwiesen, zwischen einer inneren Umwelt, wir nennen sie hier Innenwelt, und einer äußeren Umwelt zu unterscheiden. So sieht man nicht die Menschen als Elemente des Teams an, sondern die Kommunikationen, die Interaktionen, aus denen die besondere Ordnung oder die Eigengesetzlichkeit eines jeden Teams entsteht.

Die *Innenwelt* eines Teams wird geprägt durch die Besonderheiten und das Verhalten der Teammitglieder sowie ihre Wünsche und Befürchtungen, die sie in die Teamarbeit mitbringen. Es sind Männer oder Frauen, sie sind alt, jung oder in mittleren Jahren, sie haben eine ethnische Zugehörigkeit. Sie verfügen über berufliche Kompetenzen und Erfahrungen in der Teamarbeit, die einander sehr ähnlich oder auch sehr unterschiedlich sein können. Jedes Teammitglied prägt das Team, und jedes Teammitglied wird von ihm geprägt.

Von großer Bedeutung ist die *äußere Umwelt* des Teams, der *Kontext*, in dem es arbeitet. Aus der unmittelbaren Umwelt stammen die Aufgaben, die dem Team gestellt sind, und die Ziele, die es erreichen soll; das sind mächtige Einflussfaktoren. Auch der zeitliche Rahmen wird meist von außen gesetzt ebenso wie die zur Verfügung stehenden Ressourcen. Schließlich gibt es stets auch Regeln und Gesetze, die die Spielräume des Teams bestimmen.

Jedes Team wird von seiner äußeren Umwelt und seiner Innenwelt beeinflusst – es passt sich aber nicht nur an, sondern beeinflusst seinerseits diese Umwelten, zum Beispiel durch die Art und Weise, wie es Erwartungen erfüllt.

Das *Team als System* kann man sich am besten als ein Kräftefeld vorstellen, in dem die Bedürfnisse und Eigenarten der Mitglieder und die Anforderungen der Umwelt aufeinandertreffen. Die soziale Dynamik, die von den Mitgliedern ausgeht, und die Aufgabendynamik, die von den Umwelten ausgeht, münden schließlich in die Art und Weise, wie das Team zusammenarbeitet und seine Aufgabe löst. Und die Ordnung, um die es uns geht, ist nichts anderes als die besondere Form der Arbeit, die das Team entwickelt hat.

1.3 Wie beschreibt man die Ordnung eines Teams?

Mit welchen Begriffen lässt sich nun die Ordnung beschreiben, die in einem Team in Auseinandersetzung mit den beiden Umwelten entsteht?

1.3.1 Stabilität und Dynamik, Kontinuität und Veränderung

Damit ein Team Bestand hat, bedarf es einerseits der Kontinuität und der Stabilität. Andererseits braucht es aber auch die Fähigkeit, beweglich und offen für Neues zu sein, um sich anpassen zu können, wenn die Umwelt sich verändert.

Das Stabilisierende sind die Rollen, die Normen und die Strukturen, die ein Team mit der Zeit hervorbringt, seine Routinen, seine »Sitten und Gebräuche«. So entstehen Kontinuität und Berechenbarkeit; das schafft Orientierung für die Teammitglieder und die äußere Umwelt. Zu den stabilisierenden Kräften gehören auch die Grenzen eines Teams, durch die bestimmt wird, wer dazugehört und wer nicht, welche Themen oder Verhaltensweisen eingeschlossen und welche ausgeschlossen sind. Die Grenzziehung ist nur zum Teil Ergebnis einer Vorgabe von außen. Innerhalb der vorgegebenen Rahmenbedingungen entwickelt das Team seine Grenzen selbst. Wir verstehen die Grenzziehung als eine Leistung des Teams mit Gestaltungsmöglichkeiten.

Ein Team hat *thematische Grenzen*, auch sie machen seine Ordnung aus: Niemals kann alles offen besprochen werden, in manchen Teams sogar nur sehr wenig. Die thematische Grenze definiert den Raum der gemeinsamen Reflexion, des Austausches über die Qualität der Arbeit und der Zusammenarbeit, der Kritik, der offenen Einflussnahme.

In jedem Team gibt es formelle und informelle Kommunikation, manche sprechen von der Vorderbühne und der Hinterbühne. Manche Themen werden auf gemeinsamen Sitzungen offen verhandelt, andere nur unter der Hand – in der Teeküche oder bei Begegnungen auf dem Flur. Was und wie viel wo besprochen werden kann, gehört zu den Charakteristika eines jeden Teams.

Zur besonderen Ordnung jedes Teams gehört auch der Unterschied zwischen *formell* und *informell*. Es gibt die offizielle Rangordnung und die inoffizielle. Es gibt die formalen Regeln und die, nach denen das Team tatsächlich handelt, es gibt die offizielle Leitung und die grauen Eminenzen. Und es gibt, wie bereits erwähnt, die öffentliche Kommunikation und das, was nur in der Teeküche besprochen wird. Wie weit klaffen in einem Team Formelles und Informelles auseinander? Wie sehr unterscheidet sich das Stück, das auf der Vorderbühne gegeben wird, von dem hinter den Kulissen?

Das Dynamische sind Konflikte, die zwischen Personen entstehen, weil sie unterschiedlich sind. Für Dynamik sorgen zudem Spannungen, die z. B. zwischen widersprüchlichen Anforderungen oder auch zwischen Bedürfnissen der Mitglieder und von außen gesetzten Bedingungen bestehen. Viele Spannungen, die ein Team beweglich und lebendig halten, werden zwar immer wieder neu geregelt, aber nicht endgültig gelöst. Wir sprechen dann von einem belebenden Konflikt. Dieser wird meist durch die äußere Teamumwelt gesetzt, zum Beispiel durch Ziele, die einander widersprechen und die daher immer wieder gegeneinander abgewogen werden müssen.

Die Ordnung eines Teams ist immer auch durch die Beziehung zwischen dem Stabilisierenden und dem Dynamischen gekennzeichnet. So gibt es zum Beispiel übergeregelte Teams, denen eine Fülle von Normen und Vorschriften die Lebendigkeit nimmt, aber auch untergeregelte, die alles immer neu aushandeln müssen und die entlastende Wirkung von Regeln und Normen nicht nutzen können.

Leitfragen zur Ordnung eines Teams:

- Welche Rollen und Normen lassen sich erkennen?
- Welches sind die thematischen Grenzen?
- Wie weit klaffen Vorderbühne und Hinterbühne auseinander?
- Gibt es einen »belebenden Konflikt«?
- Wie ist das Verhältnis zwischen Regelung und Offenheit?

1.3.2 Die Steuerung des Teams

Jedes Team bedarf der *Steuerung*. Steuerung ist der bewusste Versuch, Einfluss auf die Teamarbeit, die bestehende Ordnung zu nehmen. Es gibt verschiedene Formen solch steuernder Einflussnahme.

Die *Kontextsteuerung*: Jedes Team wird beeinflusst durch Veränderungen seines Kontextes. Wenn zum Beispiel durch Entscheidung der Betriebsleitung Arbeitsaufgaben verändert werden oder die Arbeitslast erhöht wird, dann wirkt sich dies direkt auf seine Arbeit und auch auf seine Ordnung aus.

Die *Teamleitung*: Manche Teams haben eine formale Teamleitung, andere nicht – aber es gibt keines ohne Leitung. Damit ein Team arbeitsfähig wird und arbeitsfähig bleibt, müssen an vielen verschiedenen Stellen Führungsaufgaben übernommen werden. In der Leitungsrolle übernehmen Einzelne Verantwortung für das ganze Team und lenken die Arbeit in eine bestimmte Richtung.

Bei der Steuerung eines Teams kommt es aber nicht nur auf das Führungsverhalten Einzelner an oder auf die Leiter. Wichtig ist, dass das ganze Team lernt, die eigene Arbeit und die Zusammenarbeit zu steuern. Deswegen sprechen wir von einer dritten Steuerungsform, der *Selbststeuerung* des Teams: Teams versuchen, ihre Arbeit und ihre Zusammenarbeit zu verbessern, indem sie darüber reflektieren. So lernt ein Team ganz bewusst aus seinen Erfahrungen – bespricht sie, wertet sie aus und zieht Konsequenzen.

Einen meist unbemerkt steuernden Einfluss hat schließlich auch das *Selbstbild* eines Teams. So, wie Personen eine Vorstellung von sich selbst haben, so nehmen wir das auch für Teams an. Man kann diese z. B. durch die Frage »Welche Überschrift würden Sie sich geben?« zutage fördern. Manchmal passen Selbstbild und Umfeld nicht oder nicht mehr zueinander. Oder das Team ist hinsichtlich der Vorstellung von sich selbst gespalten. Beides führt zu Spannungen.

1.4 Der Nutzen des Modells

Die Lieblingsbrillen, durch die wir die Welt – und auch die Teams – betrachten, haben Vor- und Nachteile: Sie ordnen unsere Welt und lenken unseren Blick. Aber sie begrenzen ihn auch. Das oben skizzierte Modell eines Teams soll den Blick weiten bei dem Versuch, sich der je besonderen Ordnung eines bestimmten Teams anzunähern. Es lenkt den Blick auf vernachlässigte oder bisher nicht wahrgenommene Aspekte der Teamarbeit. Es dient der Anregung und muss seinen Wert in der praktischen Anwendung erweisen. Es dient weniger dazu, normativ zu bestimmen, was richtige und falsche, gute und schlechte Teamarbeit ist.

In den Fällen aus der Praxis, die einen guten Teil des folgenden Textes ausmachen, werden Teile des Konzeptes vertieft und bebildert. So wird ihr praktischer Nutzen für Teamarbeiter aller Art deutlich.

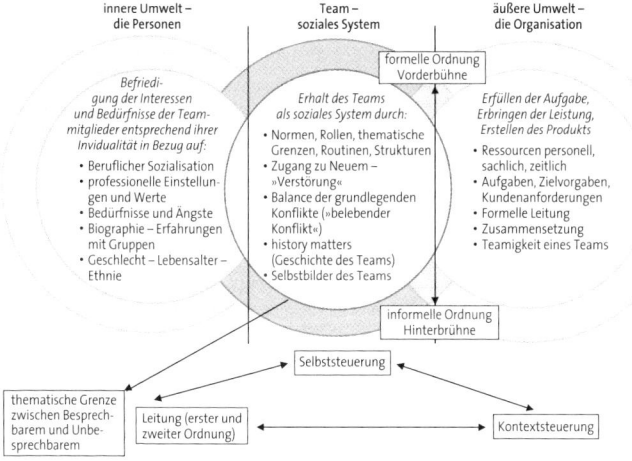

Abb. 1: Gruppendynamisch-systemisches Modell (zum Erkennen) der »inneren Ordnung eines Teams« (Überblick)

2 Das Team am Start – Arbeitsbedingungen und ihre Wirkung

In diesem Kapitel beschreiben wir, von welchen Teams dieses Buch handelt. Und wir stellen dar, welche Voraussetzungen einzeln und in ihrem Zusammenspiel für das Entstehen einer guten inneren Ordnung besonders wichtig sind. Arbeitsaufgabe, Gruppengröße und -zusammensetzung sowie das Ausmaß der Gestaltungsfreiheit müssen zueinanderpassen.

Nicht alle Menschen, die irgendetwas miteinander arbeiten oder die im Organigramm zusammengefasst sind, sind deswegen schon ein Team. Es müssen einige weitere Voraussetzungen erfüllt sein, damit wir von einem Team sprechen:

- Es gibt eine gemeinsame Leistung oder ein gemeinsames Produkt, auch wenn jedes Teammitglied seine eigene Arbeit tut. Eine Aufgabe, die nur im Zusammenwirken zu lösen ist, macht die Beteiligten voneinander abhängig; sie müssen ihr Zusammenwirken irgendwie regeln. Sie kommunizieren und interagieren, sie geraten in Auseinandersetzungen über Richtig und Falsch.
- Es gibt Gestaltungsspielräume dabei, wie das Team seine Aufgabe löst. Das Wie der Arbeit ist nicht völlig festgelegt. Im Nutzen dieser Spielräume zeigt sich gute oder weniger gute Zusammenarbeit und ob ein Team seine Arbeit reflektiert und aus seinen Fehlern lernt.
- Es ist eine Face-to-Face-Gruppe. Alle kennen sich, und alle haben eine Beziehung zueinander. Einzelne schätzen einander, andere gehen sich auf die Nerven – aber es gibt keine Anonymität. Jeder weiß, wer dazugehört und wer nicht – und wenn alle beisammen sind, passen sie um einen Tisch und können ganz direkt miteinander reden.

Erst wenn diese Voraussetzungen gegeben sind, entsteht das besondere soziale System, das wir »Team« nennen und dessen Ordnung wir verstehen möchten.

Diese auf den ersten Blick recht klaren Bedingungen erweisen sich jedoch bei näherem Hinschauen als reich an Schattierungen. Unser Teambegriff ist graduell. Eine Gruppe kann mehr oder weniger »teamig« sein. Sehr »teamig« wäre eine Gruppe mit großen Freiräumen einerseits und großer Abhängigkeit voneinander andererseits, wenn es um die Lösung der Aufgabe geht. Viele Gruppen mit Planungsaufgaben sind solche Teams – die Leistung kann nur gemeinsam erbracht werden, die Kompetenz jedes Gruppenmitglieds ist nötig, Aufgabe und Zeitrahmen sind vorgegeben, alles andere ist dem Team überlassen.

Am anderen Ende der Skala sind in ganz geringem Maße »teamige« Gruppen, z. B. Bewährungshelfer, die unabhängig voneinander arbeiten, die sich wöchentlich zu einer Dienstbesprechung treffen und die vielleicht nur punktuell zum Team (oder doch eher zur Interessengruppe) werden, wenn unwillkommene Veränderungen drohen.

Welches die besten Voraussetzungen für gute Teamarbeit sind, lässt sich klar beantworten: Es kommt darauf an. Nämlich darauf, wie die Teamzusammensetzung zur Aufgabe und wie die Aufgabe zum Gestaltungsraum passen – diese verschiedenen Bedingungen beeinflussen einander. Im Folgenden schildern wir, was wir über günstige und ungünstige Bedingungen für gute Teamarbeit wissen. Diese Ergebnisse helfen Menschen, die für eine bestimmte Aufgabe ein Team zusammenstellen müssen. Sie sind aber auch ausgesprochen nützlich, wenn es darum geht, Hindernisse in der Zusammenarbeit und der Leistung ausfindig zu machen. Denn unproduktive oder spannungsvolle Zustände liegen nicht immer in den Beziehungen begründet, sondern haben ihre Ursache häufiger, als man annehmen mag, in den Rahmenbedingungen der Arbeit. Und auch wenn diese sich schwer oder gar nicht verändern lassen, entlastet es die Beziehungen, zu wissen: Es liegt nicht an uns.

Viele sozialpsychologische Forscher hatten und haben großes Interesse daran herauszufinden, unter welchen Voraussetzungen Teams erfolgreich arbeiten. Dabei richteten sie ihre Aufmerksamkeit vor allem auf die folgenden Bedingungen, die, wenn sie berücksichtigt werden, Teams zu einem guten Start verhelfen können (vgl. Arrow et al. 2000; zusammenfassend Edding 2009a).

2.1 Die Aufgabe – Inhalt, Befristung und Standardisierung

Die Aufgabe steht im Zentrum des Teamgeschehens – so sollte es zumindest sein, denn sie gibt dem Team seine Existenzberechtigung. Sie ist in der Regel von außen gesetzt, sie lässt sich möglicherweise ein wenig beeinflussen, es kann zu Auseinandersetzungen darüber kommen, wie das Team seinen Auftrag definiert – aber wirklich verändern lässt sie sich nicht. An ihr richtet sich die Ordnung des Teams aus. Sie liefert die wichtigsten Beurteilungskriterien, wenn das Gelingen der Teamarbeit gemessen werden soll. Sie sollte daher möglichst klar beschrieben und gut kommuniziert sein. Ein von allen Teammitgliedern geteiltes Verständnis der Aufgabe ist keine Selbstverständlichkeit, sondern muss erarbeitet bzw. immer wiederhergestellt werden. Gerade heterogene Teams mit viel Gestaltungsfreiraum laufen Gefahr, ihre Aufgabe aus den Augen zu verlieren oder umzudefinieren. Aber selbst wenn die Aufgabe klar ist, verbessert es die Qualität, sie noch einmal zu fokussieren. Obwohl in einer Flugzeugbesatzung jedem die Aufgabe klar ist, steigert es die Leistung, wenn der Kapitän nach Dienstantritt alle zusammenruft, die Aufgabe eines jeden benennt und die Rahmenbedingungen für den bevorstehenden Flug – Wetter, Zeit, Passagieraufkommen – kurz schildert. Untersuchungen zeigen, dass Teams, in denen sich der Kapitän für diese kurze Ansprache Zeit nahm, reibungsloser und mit weniger Fehlern arbeiteten als Crews, in denen das nicht geschah (Hackman a. Wageman 2005). Die Aufgabe eines Teams setzt zugleich Rahmenbedingungen, die die innere Ordnung maßgeblich beeinflussen.

Die Aufgabe kann:

- standardisiert sein, d. h., es kommt auf eine möglichst genaue und den Regeln entsprechende Ausführung an, oder
- offen sein, d. h., die Aufgabe, das Ziel und der Weg dahin müssen erst vom jeweiligen Team erfunden und bestimmt werden.

Und die Aufgabe kann:

- zeitlich begrenzt und befristet sein oder
- dauerhaft bestehen.

Die Aufgabe ist:	zeitlich befristet	unbefristet
standardisiert	Crews	Gruppen am Fließband
offen	Taskforces	Workteams

In der englischsprachigen Literatur wird entsprechend dieser Differenzierung von Aufgabentypen für Teams zwischen Crews, Taskforces und Workteams unterschieden.

2.1.1 Crews

Crews findet man im Cockpit von Flugzeugen, in Operationssälen, in manchen Orchestergräben, auf den Kommandobrücken von Schiffen etc. Crews sind Teams mit genau definierten und beschriebenen Aufgaben, die arbeitsteilig von Menschen mit unterschiedlichen Funktionen ausgeführt werden. Die Einzelnen sind darauf trainiert, ihren Platz in jeder Crew ausfüllen zu können. Der Erfolg von Crews baut darauf auf, dass die Beteiligten ihre Rolle und Funktion gut beherrschen. Die Mitglieder kennen ihre Aufgabe genau und wissen, wofür sie zuständig sind und wofür andere. Das Zusammenspiel muss funktionieren wie eine gut geölte Maschine. Forschungen zeigen jedoch: Menschen können nicht miteinander arbeiten, ohne eine Beziehung aufzunehmen. Auch eine Crew ist daher keine Maschine, sondern trotz hoher Standardisierung suchen und finden die Mitglieder Gestaltungsräume, die sie mit Rudimenten einer eigenen Ordnung füllen. Untersuchungen zur Einführung von Gruppenarbeit in der Produktion haben gezeigt, wie schnell so eine Gruppe – obwohl mit hoch standardisierter Aufgabe – ein Beziehungsnetz entwickelt, in dem Unterstützung und kleine Gefälligkeiten ausgetauscht werden (vgl. Pekruhl 2000).

2.1.2 Taskforces

Taskforces sind Teams, die für einen eher kurz befristeten Zweck zusammengestellt werden, meist aus Vertretern unterschiedlicher Berufsgruppen und/oder Abteilungen. Auf Deutsch spricht man von Projektgruppen oder Projektteams, die in Organisationen bereichsübergreifend Arbeiten verrichten wie z. B. die Einführung eines neuen EDV-Systems, die Planung des Umzuges einer Organisationseinheit, die Auswahl von Bewerbern auf eine Stelle, die

Zusammenstellung eines Berichtes. Die Arbeits- und Leistungsfähigkeit einer Projektgruppe hängt davon ab, inwieweit es ihr
gelingt, zu einem Team zu werden. Die Mitglieder verstehen sich
zunächst vor allem als Vertreter ihrer entsendenden Organisationseinheit oder ihrer Berufsgruppe. Die Aufgabe besteht daher
nicht nur in der zu erbringenden inhaltlichen Leistung. Vielmehr
kann diese nur dann gut erbracht werden, wenn es gelingt, ein
neues soziales System und eine neue Zugehörigkeit zu entwickeln.
Denn nur dann haben Inhalte eine Chance, zum Zuge zu kommen. Viele Begleiter von Change-Prozessen berichten davon, wie
schwierig es ist, eine Gruppe, deren Mitglieder sich als Interessen-
vertreter ihrer Abteilung verstehen, in ein kooperierendes Team zu
verwandeln. Das erste *Fallbeispiel* im nächsten Kapitel zeigt eine
solche Situation.

2.1.3 Workteams

Workteams sind Arbeitsgruppen, die langfristig an einer nicht
standardisierten Aufgabe arbeiten. In diese Kategorie gehören Ma-
nagement-, Leitungs-, Forschungs-, Entwicklungs-, Beratungs-,
Erziehungs-, Produktionsteams für hoch spezialisierte Produkte
und Dienstleistungen und ebenso Streichquartette, Theaterensem-
bles und Sportmannschaften. Die Aufgaben und die Arbeitsweisen
dieser Gruppen sind nur begrenzt planbar und vorherbestimmbar.
Oft besteht ihre Funktion gerade darin, bisher unbekannte Wege
zu gehen und neue Ideen zu produzieren. Dabei sind die Beteiligten aufeinander angewiesen, um ihr Ziel zu erreichen. Die Regeln
für die Zusammenarbeit liegen nicht fest, sondern werden während der Zusammenarbeit entwickelt. Workteams müssen mit neu
dazukommenden und mit ausscheidenden Mitgliedern zurechtkommen. Die Mitgliedschaft in solchen Teams ist für die Beteiligten wichtiger als in Crews und Taskforces, denn sie definieren
ihre berufliche Identität zu einem Teil über diese Zugehörigkeit.
In diesen Teams entwickelt sich über die Zeit eine typische und
individuelle Ordnung, die durch neue Mitglieder infrage gestellt
wird. Der Fall »Der Neue macht nicht mit« hat dieses Thema zum
Gegenstand.

Die Übergänge zwischen den verschiedenen Arten von Arbeitsgruppen sind fließend. Besonders zwischen Projektgruppen und

Arbeitsteams gibt es keine festen Grenzen (mehr). Immer häufiger verfolgen Organisationen Projekte, in denen über Jahre zusammengearbeitet wird und deren Mitarbeiter sich schließlich vor allem über diese Projektzugehörigkeit definieren. Ihr Arbeitsplatz besteht eigentlich aus einer Abfolge von Projekten. Multiple Zugehörigkeiten sind keine Seltenheit mehr, d. h., Personen gehören gleichzeitig verschiedenen Projekten an, die alle befristet sind. Im Zuge häufiger und schnell aufeinanderfolgender Umorganisationen verkürzt sich die Lebensdauer von Teams. Die Zeit, eine eigene Ordnung und Identität auszubilden, verkürzt sich immer mehr. Damit wird es immer schwieriger, die Aufgabe gut zu bearbeiten, die Mitglieder zufrieden zu machen und das soziale System Team stabil zu halten.

Wie kurz oder wie lang eine Gruppe zusammenarbeiten muss, um ein Team zu werden, darüber streiten sich die Gelehrten, und auch die Praktiker sind sich nicht einig. Experimente aus der Minimal-Group-Forschung (zusammenfassend bei Edding 2009a, S. 70) zeigen, wie schnell Menschen sich als zugehörig erleben. So reichte es aus, wenn der Versuchsleiter den Versuchspersonen eine ganz beliebige, von ihm erdachte Gruppenzugehörigkeit zuwies, wie zum Beispiel »Sie gehören zu den Van-Gogh-Liebhabern« und »Sie gehören zu den Rembrandt-Liebhabern«, um die Spendenbereitschaft für die »eigene« Gruppe signifikant zu erhöhen, obwohl weder die Rembrandt- noch die Van-Gogh-Liebhaber je ein Mitglied der eigenen oder der fremden Gruppe gesehen hatten.

Erfahrene Praktiker vertreten dagegen den Standpunkt, es bedürfe einer »Lebenszeit« von mindestens sechs Monaten, damit ein Team eine innere Ordnung entwickeln kann. Da Teams immer kurzfristiger zusammengesetzt und auch wieder aufgelöst werden und ihnen immer schneller Arbeitsfähigkeit abverlangt wird, unterliegen alle Annahmen über die Geschwindigkeit von Teamentwicklung einer fortlaufenden Überprüfung (und Revision). Vieles geht schneller, als wir einmal angenommen haben.

2.2 Die Zusammensetzung des Teams

Es gibt einige Irrtümer über die Größe und die Zusammensetzung von Teams – so sieht es jedenfalls Richard Hackman, ein bedeutender Team- und Gruppenforscher (vgl. Hackman 1986; Hackman a. Wageman 2005).

Teams seien häufig zu groß, weil viele meinen, mehr Leute würden auch mehr schaffen. Und sie seien häufig zu homogen aus der Überzeugung, je ähnlicher sich die Teammitglieder seien, desto besser würden sie zusammenarbeiten. Schauen wir uns diese beiden Teammerkmale einmal an.

2.2.1 Die Größe des Teams

In einem Team sprechen die Beteiligten direkt miteinander. Zur direkten Kommunikation bedarf es einer Gruppengröße, die diese Art der Verständigung ermöglicht und nicht behindert. Vier bis acht Beteiligte sind ideal, bis zu einer Höchstzahl von zwölf Personen sind Face-to-Face-Diskussionen gut möglich.

Vier oder fünf Teammitglieder können weitgehend ungeregelt miteinander reden, größere Gruppen sind zunehmend auf formelle Regeln und Strukturen angewiesen. Bei Teams von mehr als zwölf Personen wird die direkte Kommunikation immer aufwendiger und anstrengender, denn die Zahl der möglichen und zu berücksichtigenden Beziehungen nimmt exponentiell zu. Je größer die Gruppe, desto größer wird auch die Neigung der Mitglieder, sich zu Untergruppen zusammenzuschließen, und desto unterschiedlicher wird der Grad der Beteiligung an der Arbeit: Wenige tun viel, und viele tun immer weniger. Jenseits der Zahl von 20 Personen ist eine direkte Kommunikation nur unter ganz besonderen Bedingungen möglich.

Eine solche Bedingung ist zum Beispiel ein gruppendynamisches Training, bei dem nach einigen Tagen Arbeit auch in einer großen Gruppe ein Gespräch ohne besondere Strukturierung möglich ist, weil alle Beteiligten eine hohe Aufmerksamkeit füreinander entwickelt haben – und weil es nicht schnell gehen muss.

Teams sind also keine Großgruppen (< 20–25 Beteiligte), in denen die direkte Kommunikation durch »stellvertretende« Kommunikation ersetzt wird. Das bedeutet, dass einige wenige für die vielen sprechen, die sich selbst nicht äußern. Der Einzelne kann Meinungsbildung und Entscheidungsfindung kaum noch beeinflussen.

2.2.2 Homogene oder heterogene Teams

In einem Team arbeiten Menschen mit unterschiedlichen Qualifikationen an einer Aufgabe. Denn der Grundgedanke der Teamarbeit ist: Nutzen wir den Reichtum der Verschiedenheit! Jeder muss das Seine einbringen, damit das Ziel erreicht wird.

Menschen unterscheiden sich in ihrem Wissen, ihren Fähigkeiten und Fertigkeiten, ihrem Verhalten, ihren Werten und Überzeugungen sowie ihren demografischen Merkmalen (Alter, Geschlecht, Ethnie, Religion). Manche der Unterschiede sind für die Erledigung der Aufgabe von Bedeutung, andere nicht.

Die Unterschiedlichkeit bringt kreative und komplexe Problemlösungen hervor; sie führt aber auch zu Konflikten und Reibungsverlusten, weil sich die Meinungen, Verhaltensweisen und Werte nicht nur ergänzen, sondern auch gegenseitig infrage stellen oder ausschließen. Gerade in der Anfangsphase kommt es so zu erhöhten Anforderungen an die Fähigkeit des Teams, sich »zusammenzuraufen«.

Unterschiede zwischen den Mitgliedern eines Teams wirken nicht eindeutig förderlich oder hinderlich auf das Arbeitsergebnis. Untersuchungen ergeben, dass Gruppen umso länger brauchen, arbeitsfähig zu werden, je mehr und je größere Unterschiede es zwischen den Mitgliedern gibt. Dabei ist der Grad der Unterschiedlichkeit keine konstante Größe in einem Team: Je wichtiger das Team für den Einzelnen ist, desto eher ist er bereit, sich zu verändern und anzupassen. Je länger die Zusammenarbeit dauert, desto ähnlicher werden sich die Mitglieder eines Teams, desto mehr passen sie sich einander an, und die nicht passenden verlassen das Team. Zugleich verändert sich die Bedeutung der Unterschiede: Je länger man zusammenarbeitet, desto mehr werden bisher unsichtbare Unterschiede zwischen den Einzelnen sichtbar und bedeutungsvoll, während die unveränderlichen, sichtbaren demografischen Unterschiede an Bedeutung verlieren (vgl. Arrow et al. 2000; Edding 2009a, S. 75 ff.).

Die Hoffnung, dass Teammitglieder bei Überzeugungs- und Wissensunterschieden das Für und Wider eines Vorgehens oder einer Entscheidung besonders gründlich besprechen würden, hat sich nicht bewahrheitet. Oft halten Menschen, die zwar anderer Meinung, aber in der Minderheit sind, in Diskussionen nach ein, zwei Versuchen ihren Mund. Dann bleibt die Unterschiedlichkeit für das Ergebnis folgenlos (im Detail bei van Knippenberg a. Schippers 2007; zusammenfassend bei Edding 2009a, S. 76 ff).

Viele Entscheider, die für die Zusammensetzung von Teams verantwortlich sind, unterliegen oft der Versuchung, möglichst homogene Teams zu bilden. Sofern die notwendigen Kompetenzen vorhanden sind, so ihre Annahme, wird ein Team, dessen Mitglieder sich im Übrigen eher ähneln, schneller arbeitsfähig werden und zügiger arbeiten. Doch auch diese Annahme ist trügerisch. Sehr homogene Gruppen, die außerdem unter Leistungsdruck stehen, laufen Gefahr, dem *groupthink* zu verfallen (vgl. Janis 1982; Schulz-Hardt 2001), der Neigung, abweichende Meinungen zu unterdrücken, sich gegen Informationen von außen abzuschotten und schnelle, aber inadäquate Lösungen zu produzieren.

Es bleibt nichts anderes übrig, als bei der Zusammenstellung eines Teams darauf zu achten, dass die Unterschiedlichkeit groß genug ist, damit die Aufgabe bewältigt werden kann und die Gefahr der Informationsunterdrückung gebannt ist, aber auch klein genug, damit mühelose Kommunikation ermöglicht und der entstehende Zusammenhalt nicht von vornherein infrage gestellt werden.

Oft besteht keine Wahlmöglichkeit, was die zur Verfügung stehenden Personen betrifft, und das Team muss lernen, mit der vorhandenen Unterschiedlichkeit umzugehen. Dann sollten Berater und Leiter die Beteiligten darauf aufmerksam machen, dass die Überbrückung von Andersartigkeit und die Einbindung vieler verschiedener Menschen in eine gemeinsame Anstrengung eine besondere Leistung ist und dass es nicht einfach ist, diese Aufgabe dauerhaft zu lösen. Ein Team kann darauf stolz sein, wenn es ihm gelingt.

2.3 Geführt oder selbst bestimmend – der Gestaltungsspielraum

Jedes Team kann die eigene Arbeit innerhalb gesetzter Grenzen selbst gestalten. Ohne einen solchen Freiraum gibt es nichts zu steuern und zu bestimmen. Wenn alles vorgegeben ist, sollte man nicht von Teamarbeit sprechen. Der Raum zur Selbststeuerung kann verschieden weit gesteckt sein und führt zu unterschiedlichen Graden der Selbstbestimmung.

Bestimmt ein Team:

- ausschließlich über die Ausführung der Arbeit, spricht man von einem geführten Team;
- zusätzlich über die Kontrolle und die Verbesserung der Arbeit, ist es ein sich selbst führendes Team;
- zusätzlich über das Design der Zusammenarbeit (Ressourceneinsatz, Verteilung von Aufgaben, auch der Leitungsaufgaben), entspricht das einem sich selbst gestaltenden Team;
- zusätzlich über die Bestimmung der Ziele, ist es ein sich selbst bestimmendes Team (nach Hackman 1986).

Teams sind somit unterschiedlich frei in der Gestaltung ihrer Arbeit und Zusammenarbeit. Vor allem beim Aufbau eines Teams sollten seine Rechte und Pflichten möglichst klar definiert sein. Auch die Frage, was geschieht, wenn das Team sich nicht einigen kann, muss geregelt werden. Und wie bei jeder Delegation von Aufgaben braucht ein Team die notwendigen Ressourcen (Zeit, Personal und Material) sowie das Recht, über den Einsatz dieser Ressourcen zu entscheiden. Nur dann kann es Verantwortung für die Erfüllung der Aufgaben übernehmen.

Wir als Anhänger der Selbststeuerung sind davon überzeugt, dass Teamarbeit dann erfolgreich aufgebaut werden kann, wenn ein Team seine die Arbeit betreffenden Entscheidungen weitgehend selbst fällen kann. Diese Überzeugung stützt sich auf langjährige Erfahrung und findet sich in etlichen Forschungsergebnissen bestätigt. Für Teams in vielen Arbeitsbereichen gilt zudem, dass sie lernen und sich weiterentwickeln müssen (vgl. das Modell der Selbststeuerung in Abschn. 4.5; und Schattenhofer 2009a). Lernfähigkeit eines Teams setzt Freiräume zur Auswertung der Arbeit und zur Diskussion von Verbesserungsmöglichkeiten voraus. Selbststeuerung in Teams ist eine anspruchsvolle Aufgabe, da es nicht darum geht, dass jede und jeder einfach tun kann, was er will oder sie für richtig hält. Schließlich muss die Gruppe gemeinsam planen und entscheiden, das Entschiedene umsetzen und dann auswerten. Das erfordert von den Beteiligten besondere und andere Kompetenzen als die Arbeit in hierarchischen Verhältnissen, in denen die Vorgesetzten die Entscheidungen treffen – insbesondere auch die unangenehmen.

Der Gestaltungsspielraum von Teams hängt davon ab, wie sie in ihre Organisationsumwelt eingebunden sind. Die Beziehung kann sehr fest und streng geregelt sein wie im Falle von Crews, sie kann locker und sehr offen definiert sein wie im Falle von Workteams.

Im Extremfall ist ein Team fast gar nicht mehr in die Organisation eingebunden. Solch eine Einheit, ein »unwrapped team« (Lacey a. Gruenfeld 1999), ist zum Beispiel das Team einer Unternehmensberatung, das einen Kunden vor Ort berät. Es ist einerseits weitgehend sich selbst überlassen, denn Vorgesetzte sind weit weg – andererseits kann es leicht in Loyalitätskonflikte zwischen »Mutterorganisation« und Klientenorganisation geraten. Teamarbeit wird zur Pflicht; das Team muss nicht nur gut beraten, seine Mitglieder engagiert halten und dafür sorgen, dass es selbst als Team gut funktioniert – es muss auch immer wieder die Frage der Zugehörigkeit neu beantworten, immer dann nämlich, wenn sich die Interessen des Klienten und der Mutterorganisation unterscheiden.

2.4 Der steuernde Kontext

Alle oben beschriebenen Voraussetzungen für einen guten Start gehören zum Kontext eines Teams. Es gibt natürlich noch weitere, zum Beispiel die Art der Bezahlung (wird jeder einzeln bezahlt, gibt es Zuschläge, die von der Leistung des ganzen Teams abhängen, oder wird gar die gemeinsame Leistung honoriert?), die Versorgung mit Ressourcen oder auch die Zugangsbedingungen. All diese Fakten werden von außen gesetzt; sie sind sehr einflussreich, aber von innen wenig zu steuern.

Jedes Team muss mit diesen Bedingungen zurechtkommen und in der Auseinandersetzung mit ihnen oder der Anpassung an sie seine Ordnung entwickeln. Es gehört zu den Eigenarten der Steuerung durch den Kontext, dass sie zwar in das Teamgeschehen eingreift, aber nur indirekt, d. h., die Folgen lassen sich nicht genau vorhersagen. Denn jedes Team reagiert etwas anders. Wenn z. B. der Druck erhöht wird und die Arbeit sich »verdichtet«, nehmen manche Teams das sportlich und strengen sich mehr an, andere leisten Widerstand; wieder andere drohen zu zerfallen. Es hängt also von den Beteiligten ab, wie sich die innere Ordnung aufgrund äußerer Einflüsse verändern wird.

Ein Team am Start, aber auch eines, das in Schwierigkeiten gekommen ist, braucht, soweit es nur irgend geht, Klarheit über seine Arbeitsbedingungen: Worin genau besteht die Aufgabe des Teams? Welche Ziele sollen in welchem Zeitraum erreicht werden? Welche Mittel und welche Personen stehen dafür zur Verfügung? Wer gehört zum Team und wer nicht? Gibt es Grenzgänger? Sind die für die Aufgabe benötigten Kompetenzen im Team vertreten? Ist die Finanzierung gesichert oder ungesichert? Worüber kann das Team selbst entscheiden, was wird von außen vorgegeben?

Erst wenn Rechte und Pflichten, Grenzen und Freiräume markiert sind, kann das Team darauf antworten und in der Art der Antwort sich selbst entwickeln.

Unsere Teamsituationen im dritten Kapitel machen deutlich: Der Kontext ist heute der wichtigste Motor für Veränderungen der Teamordnung. Daher reicht es nicht aus, ihn mehr oder weniger beiläufig in den Blick zu nehmen.

Vielmehr erfolgen das Verstehen der Teamsituation und die Beratung des Teams von außen nach innen und nicht umgekehrt. Nur wenn man den Kontext eines Teams zuerst untersucht, geraten die Umweltbedingungen in den Blick, die auf das Team einwirken (ausführlich bei Edding 2009b). Widersprüche zwischen Arbeitsaufgabe und Gestaltungsspielraum, zwischen Zeitbudget und Ressourcen, zwischen Teamzusammensetzung und notwendigen Qualifikationen werden als Problemstifter deutlich. Dann können Konflikte oder Mangel an Engagement als (dysfunktionale) Antwort auf äußere Bedingungen verstanden werden. Dazu bedarf es auch der Begrenzung, denn ein Team in einer Organisation arbeitet immer in vielen Kontexten; dies sind u. a.: die Aufgabe und ihre Bedingungen, parallel arbeitende, vielleicht konkurrierende Teams, der Organisationsbereich, in dem das Team angesiedelt ist, die Organisation insgesamt, ihre Umwelt in Gestalt von Mitbewerbern, die wirtschaftliche Lage der Branche ... Alles wirkt, aber die Untersucherin muss für ihre Untersuchung einen Systemausschnitt wählen. Dieser sollte nicht zu klein sein, dann könnten relevante Einflüsse unsichtbar bleiben. Er sollte aber auch nicht unendlich groß sein, damit die Untersuchung nicht in der Komplexität versandet.

2.5 Wie »teamig« ist unser Team?

In der Zusammenfassung der verschiedenen Arbeitsbedingungen und ihrer Wirkungen können Sie mit folgenden Dimensionen die Teamigkeit Ihres/eines Teams bestimmen.

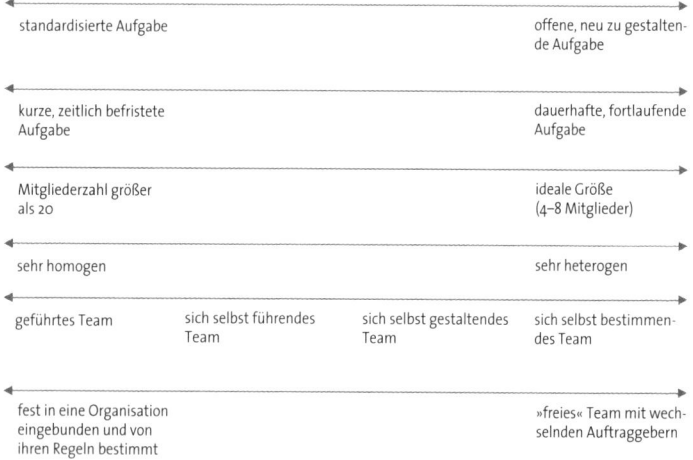

standardisierte Aufgabe			offene, neu zu gestaltende Aufgabe
kurze, zeitlich befristete Aufgabe			dauerhafte, fortlaufende Aufgabe
Mitgliederzahl größer als 20			ideale Größe (4–8 Mitglieder)
sehr homogen			sehr heterogen
geführtes Team	sich selbst führendes Team	sich selbst gestaltendes Team	sich selbst bestimmendes Team
fest in eine Organisation eingebunden und von ihren Regeln bestimmt			»freies« Team mit wechselnden Auftraggebern

Abb. 2: Dimensionen zur Einschätzung der »Teamigkeit«

Die Einschätzung liefert einen ersten Hinweis: Je weiter rechts auf der jeweiligen Skala die Einschätzungen für ein Team liegen, desto »teamiger« ist es. Je »teamiger« es ist, desto mehr Aufmerksamkeit sollte auf die Gestaltung und Entwicklung der Teamarbeit gerichtet werden, desto mehr Pflege braucht es!

3 Praxisfälle: Die Ordnung entdecken und verändern

In diesem Abschnitt schildern wir Fälle, praktische Situationen aus verschiedenen Teams, die die Teammitglieder als schwierig erleben und in denen sichtbar wird, dass die Arbeitsfähigkeit des jeweiligen Teams eingeschränkt ist. Die Ordnung des Teams ist unzureichend oder aus dem Gleichgewicht geraten. Wir betrachten diese Situationen durch verschiedene Brillen, von denen keine richtig oder falsch ist – vielmehr sind alle von Bedeutung. Dennoch muss man entscheiden, welche man als Grundlage für eine Intervention wählt.

Ein Modell nützt dann etwas, wenn wir es in den oft unklaren, immer komplexen Situationen des Alltags wiedererkennen können. Es gibt ja immer viel und vielerlei, worauf man schauen könnte. Das, was wir als »Situation« oder »Fall« bezeichnen, ist in Wirklichkeit nichts Abgegrenztes, sondern die Betrachter schneiden aus einem fortlaufenden Prozess etwas aus und nennen das einen Fall. Für das Verstehen eines Falls stellt das Modell einen Leitfaden bereit, an dem entlang Beteiligte und Betroffene – seien es Leiter, Berater oder Teammitglieder – sich aufmachen können, die Teamordnung zu entdecken, zu verstehen und vielleicht zu ändern. Einerseits liefert es Orientierung, indem es die Aufmerksamkeit auf bestimmte Eigenschaften der Situation lenkt – es begrenzt also den Blick. So trägt es dazu bei, den Betrachter sicher zu machen. Es verhindert, dass er in der Komplexität untergeht.

Auf der anderen Seite weitet es (hoffentlich) auch den Blick, weil es die Betrachter einlädt, auch einmal eine andere als die gewohnte Brille aufzusetzen. Die Güte eines Modells erweist sich daran, ob es zu Erkenntnissen führt, die weiterhelfen.

Wir haben typische Situationen und Probleme ausgewählt, mit denen viele Teamarbeiter zu tun haben und anhand deren sich besonders wichtige und immer wiederkehrende Fragestellungen der Teamarbeit darstellen lassen. Die Auswahl folgt somit keiner strengen theoretischen Systematik. Alle Fälle sind konkrete – für die Darstellung anonymisierte – Fälle, mit denen wir selbst zu tun hatten oder die uns von Kollegen und Kolleginnen zur Verfügung gestellt wurden.

Die Schilderung soll beide Funktionen eines Modells nutzen. Sie soll den Blick weiten, indem sie jeweils mehrere Möglichkeiten des Verstehens der geschilderten Situation anbietet. Sie soll aber auch orientieren, denn es erfolgt die Entscheidung für eine der Möglichkeiten und, fußend auf dieser Entscheidung, die Darstellung einer bestimmten Interventionsrichtung.

Um die Orientierung zu erleichtern und wegen der besseren Übersichtlichkeit haben wir alle Fälle mit der folgenden Abfolge von Schritten auf gleiche Weise dargestellt:

A) *Situationsbeschreibung*: Zuerst wird die Situation geschildert: Was ist sichtbar?

B) *Folien des Verstehens*: Dann werden unter einer Leitfrage zwei oder mehr »Verstehensfolien« aufgelegt unter den Leitfragen: Welcher Blickwinkel hilft, die Ordnung des jeweiligen Teams zu erkennen? Wie kann man die Situation – auf unterschiedliche Weise – verstehen?

C) *Bewertung und Entscheidung*: Hier soll die Bewertung der unterschiedlichen Folien deutlich werden: Welches halten wir für den wichtigsten Zugang zur Situation? Welche Interventionsrichtung ergibt sich daraus?

D) *Handlungsoptionen*: Schließlich werden die Handlungsoptionen für die einzelnen Beteiligten umrissen: Wie, mit welchem Ziel und welchen Inhalten können Berater, Leiter und Teammitglieder intervenieren?

E) *Modellbezug*: Hier werden einzelne Teile des Modells der Teamarbeit ausführlicher dargestellt, als das im einführenden Überblick (Kap. 1) möglich war. An dieser Stelle finden sich auch weiterführende Literaturempfehlungen.

F) *Forschungsergebnisse*: In einigen Fällen weisen wir auf wichtige Forschungsergebnisse hin, die für den betreffenden Fall und die angelegten Folien von Bedeutung sind.

3.1 Ein Team formiert sich

Das neu zusammengestellte Entwicklungsteam kommt nicht so in Gang, wie es sich der verantwortliche Leiter vorstellt. Die Zusammenarbeit ist unverbindlich, Aufträge werden nicht erledigt, Absprachen nicht eingehalten. Liegt es am Leiter?

A) Situationsbeschreibung

Herr B. ist Ingenieur und Mitarbeiter einer Entwicklungsabteilung in einem großen Automobilkonzern. Er wurde damit beauftragt, ein Projekt zu leiten, in dem ein Katalysator für ein neues Modell entwickelt werden soll. Die sechs weiteren Mitglieder der Projektgruppe wurden für den Projektauftrag von ihren Vorgesetzten benannt, sie kommen aus verschiedenen Abteilungen: Motorenbauer, Elektroniker, Katalysatorhersteller. Sie sollen zusammen das Produkt entwickeln. Die Dauer des Projekts ist auf ca. zwei Jahre angelegt, es läuft parallel zu anderen Entwicklungen. Alles sind Ingenieure auf der Sachbearbeiterebene, einer gehört zu einer höheren Hierarchieebene und ist formal höhergestellt als Herr B. Die meisten sind zu Beginn des Projektes in anderen, weiter fortgeschrittenen Projekten engagiert, in denen sie unter dem Druck stehen, Ergebnisse zu liefern.

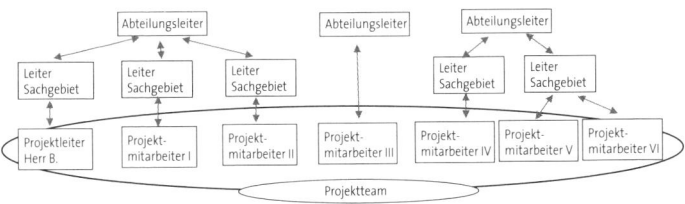

Abb. 3: Das Entwicklungsteam in der Organisation

In den ersten drei Monaten – die Projektgruppe trifft sich alle 14 Tage für drei Stunden – kommt das Projekt nicht richtig ins Laufen. Terminzusagen werden nicht eingehalten, vereinbarte Aufgaben nicht erledigt, und viele klagen, dass sie Wichtigeres zu tun hätten. Manche nehmen unregelmäßig an den Sitzungen teil, und der hierarchisch höhergestellte Kollege lässt sich immer entschuldigen.

Herr B., ein dynamischer und ehrgeiziger Mann, der seinen ersten Auftrag als Projektleiter als Auszeichnung und Bewährungsprobe ansieht, will ihn unbedingt erfolgreich durchführen. Bei den ersten Schwierigkeiten wird er aktiv, er bittet, ermahnt, konfrontiert die Gruppe, er sucht Kontakt zu den Einzelnen, schaut bei ihnen vor den Sitzungen vorbei, um sie an ihre Aufgaben zu erinnern – erfolglos. Er fühlt sich von den Kollegen in seiner Rolle nicht ernst genommen und hilflos, weil er keinen direkten Einfluss auf seine Projektmitarbeiter ausüben kann. Er gerät mehr und mehr unter Druck, weil er seinem Chef nicht von den erwarteten Fortschritten berichten kann. Er bekommt Selbstzweifel und fühlt sich der Aufgabe nicht gewachsen. Sein Selbstbild – das von einem guten Ingenieur, der auch Leitungs- und Managementaufgaben erfolgreich bewältigen kann –, kommt ins Wanken.

Zu diesem Zeitpunkt kommt Herr B. ins Coaching mit einem externen Berater, das Projektleitungen in dem Unternehmen generell angeboten wird. Seine Frage ist, wie er seine Leitungsaufgabe besser ausfüllen könne.

Zu Beginn will Herr B. unbedingt die Tricks herausfinden, wie er schnell und möglichst von Anfang an sein Projektteam zum Arbeiten bekommt. Seine Ohnmacht und seine Einflusslosigkeit nagen an seinem Selbstbewusstsein. Er hängt sich mächtig rein, redet mit allen, und die Kommunikation im Team läuft praktisch ausschließlich über ihn. Trotz dieser ganzen Aktivitäten kommt das Projekt nicht in Schwung.

B) Folien des Verstehens
Folie 1: Die Phase der Formierung:
Wann wird eine Versammlung zum Team?
Die Projektgruppe ähnelt zunächst mehr einer Versammlung von Vertretern verschiedener technischer Abteilungen und weniger einer Projektgruppe, in der ein gemeinsames Ziel verfolgt wird. Die meisten Mitglieder der neuen Projektgruppe sind zudem mit dem Abschluss anderer Projekte beschäftigt, an denen sie längerfristig gearbeitet haben. Sie stehen vor der Entscheidung, wem gegenüber sie sich mehr verpflichtet und loyal fühlen und worauf sie ihre Aufmerksamkeit und ihre Energie konzentrieren: auf ihre Ab-

teilung, auf das alte oder auf das neue Projekt. Die meisten wollen in ihren bisherigen Projekten erst den Endspurt hinlegen, bevor sie sich dem Neuen zuwenden.

In der neuen Gruppe fangen sie wieder von vorne an: Sie müssen die neue Aufgabe kennenlernen und herausfinden, welchen Beitrag sie leisten können. Sie sind dem Team zwar formal zugeteilt; wie ihr Platz dort aussieht, welche Rolle sie einnehmen werden, das muss sich im Zusammenspiel mit den anderen erst erweisen. Da ist es gut, die eigene Abteilung im Rücken zu haben, die man vertritt und auf deren Anforderungen an das Projekt man sich berufen kann.

Bis auf den Projektleiter und ein weiteres Mitglied sind alle noch auf ihre bisherigen Projekte und Arbeitsbereiche orientiert (s. Abb. 3). Sie nehmen an den Besprechungen teil oder auch nicht – ohne sich zur Mitarbeit verpflichtet zu fühlen und Verantwortung zu übernehmen.

In der nächsten Phase des Projektaufbaus orientieren sie sich mehr und mehr am Leiter des Projektes, sie erwarten von ihm, dass er die Gruppe zusammenführt und für Verbindlichkeit sorgt. Er soll aber auch Verständnis für die besondere Belastung haben, der die Einzelnen gerade ausgesetzt sind. Herr B. versucht, die Erwartungen zu erfüllen, indem er auf jeden eingeht und sich um alles kümmert. Mit der Zeit kommt er immer mehr unter Druck, weil der Erfolg ausbleibt. Einzelne Projektmitarbeiter werden zunehmend unzufrieden, weil andere nicht verlässlich mitarbeiten. Sie wenden sich an den Projektleiter: Er soll klären, mit wem denn jetzt zu rechnen sei und mit wem nicht. Die Kommunikation verläuft überwiegend sternförmig (s. Abb. 4).

Es dauert noch einige Zeit, bis einzelne Teammitglieder ihren Unmut öffentlich äußern und die gemeinten Kollegen direkt ansprechen. Schließlich nimmt die sternförmige Kommunikation über den Projektleiter ab, und es bildet sich ein Beziehungsnetz heraus, wie es für ein Team grundlegend ist. Der Teamleiter trägt dazu bei, indem er seine Aktivitäten reduziert und bei den Teamtreffen weniger Vorgaben macht als bisher (keine Abfragerunden, keine Übernahme von Aufträgen). Zugleich überspielt er die schwierige Situation mit den fehlenden Ergebnissen nicht mehr, sondern er legt die Probleme offen dar und konfrontiert die

Gruppe damit. Er sieht ein, dass er nicht alleine die ganze Verantwortung tragen kann, und lernt, seine Abhängigkeit von den anderen zu akzeptieren.

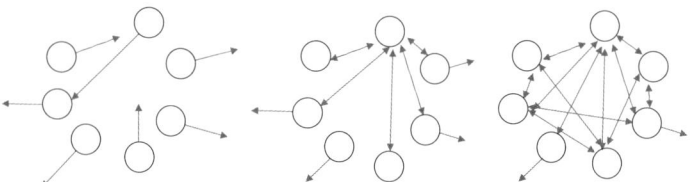

Abb. 4: Die Kommunikation in den Phasen des Projektbeginns

Die Teilnehmer beginnen, sich gegenseitig zu führen und aufeinander zu reagieren, und ein Teil des Teams mischt sich aktiv in das Geschehen ein. Am Projektleiter schätzen sie, dass er sie individuell anspricht und ihre jeweilige persönliche Situation und Belastung kennt und berücksichtigt.

Obwohl das Entwicklungsteam einen klaren Auftrag, die passende Zusammensetzung und einen motivierten Projektleiter hat, dauert es gut drei Monate, bis es gemeinsam zu arbeiten beginnt.

Folie 2: Analyse der wirkenden Kräfte:
Wer unterstützt – wer blockiert?
Mithilfe des externen Beraters beginnt Herr B. eine genaue Untersuchung der Situation in seinem Projekt: Wer ist am Projekt beteiligt, wie sind die Beteiligten eingebunden, wer hat welche Verantwortung und wie viel Macht, wer kann wen beeinflussen? Herr B. soll herausfinden, wo seine Verantwortung beginnt und wo sie endet. Für Dinge, auf die er keinen Einfluss hat, kann er auch nicht – als Einziger – verantwortlich sein.

Er beginnt, zwischen den einzelnen Projektteammitgliedern zu unterscheiden: Von wem fühlt er sich unterstützt, wen konnte er schon für das Projekt gewinnen, wer wäre als Nächster ins Boot zu holen, und wer ist schon drin? Durch die Beschäftigung mit den Einzelnen wächst bei ihm das Verständnis für ihre begrenzte und zögerliche Mitarbeit. Welche Interessengegensätze bestehen zwischen den Abteilungen, aus denen die Projektmitarbeiter kommen, und dem Katalysatorprojekt? Welche der Vorgesetzten unterstützen es, welche nicht?

Die Untersuchung der Situation führt auch dazu, die zwei Mitarbeiter zu identifizieren, die er überhaupt nicht erreichen kann. Es sind ein gleichgestellter und der hierarchisch höhergestellte Mitarbeiter. An dieser Stelle bittet er seinen Vorgesetzten, über deren Vorgesetzten auf die beiden Kollegen Einfluss zu nehmen, damit sie ihre Aufgaben in dem Projekt erfüllen.

Bei dem Gleichgestellten hat er damit Erfolg; er schließt sich dem Team an und nimmt auch am später entstehenden informellen Leben des Teams teil, der andere, der hierarchisch Übergeordnete, begrenzt seine Mitarbeit auf das sachlich unbedingt Notwendige. Das bleibt bis zum Ende so.

C) Bewertung und Entscheidung

Die erste Folie schaut auf die Entwicklung des ganzen Teams, die zweite auf die einzelnen handelnden Personen. In diesem Fall ist es wichtig, auf beide Ebenen gleichzeitig zu schauen, um weder die Einzelnen in ihrer Unterschiedlichkeit noch das Team in seiner Formierungsphase aus dem Blick zu verlieren.

D) Handlungsoptionen

Herr B., der Projektleiter, erlebt und versteht die Situation zunächst als persönliches Scheitern, trotz aller seiner Anstrengungen kommt das Projekt viel zu langsam voran. So verstärkt er seine Aktivitäten und versucht damit, die Schwierigkeiten zu bewältigen und zumindest den Anschein zu erwecken, dass alles in Ordnung ist.

Er kann diese Schiene des »Mehr desselben« dann verlassen, wenn er seine Versagensbrille ablegt und auf den Teamentwicklungsprozess und das Kräftespiel in dem Projekt schaut. Diese Einsichten sind allerdings mit einer heftigen Kränkung verbunden: Er muss sich eingestehen, dass er in seiner Leitungsrolle ohnmächtiger und abhängiger ist, als er dachte. Er kann den Projektfortschritt durch eigene Aktivität nur begrenzt beschleunigen – vielmehr kommt es darauf an, dass er sich zurücknimmt und Lücken entstehen lässt, die die Mitglieder des Teams mit ihrem Engagement füllen müssen. Wenn er sich weigert, alles über ihn laufen zu lassen, und den Konflikt nicht scheut, der aus dieser Enttäuschung der Erwartungen entsteht, kommt das Team langsam ans Arbeiten. Schweigen, Ratlosigkeit, Unzufriedenheit auszuhalten und nicht gleich aggressiv mit Anklagen oder beleidigtem Rückzug darauf zu reagieren, sondern mit Interesse für die Auseinandersetzung zur Verfügung zu stehen, das ist eine hohe Anforderung. So sollte Herr B. nicht nur verbal Verantwortung von den anderen einfordern, sondern ganz praktisch nicht mehr für all das sorgen, was die Teammitglieder selbst übernehmen können.

Die Analyse der unterstützenden und behindernden Kräfte in dem Team führt ihn zu einer differenzierten Einschätzung der Situation. Zugleich muss er nicht mehr auf die Abwesenden, die Blockierenden starren, sondern bekommt die Kooperierenden in den Blick. Diese Beziehungen sollte er pflegen. Er schert nicht mehr alle über einen Kamm z. B. mit allgemeinen Appellen zu mehr Engagement, sondern spricht Einzelne differenziert vor der Gruppe an und behandelt sie unterschiedlich.

Der gezielte Einsatz des eigenen Vorgesetzten (in diesem Fall Herrn B.s Vorgesetzten) setzt auch voraus, sich einzugestehen, dass man Hilfe braucht, dass der eigene Einfluss Grenzen hat.

E) Modellbezug
Phasen der Teamentwicklung
Wie entsteht die Ordnung im Team? Es gibt verschiedene Gruppenentwicklungsmodelle (im Überblick: Antons 2011; Schattenhofer 2009b, S. 34–42; P. Simon 2003), mit denen die Veränderungen in Gruppen als Abfolge aufeinander aufbauender oder sich abwechselnder Phasen beschrieben werden. Am gebräuchlichsten und bekanntesten sind die sogenannten Life-Cycle-Modelle, in denen Gruppen wie Individuen in verschiedenen Phasen heranwachsen.

In Arbeitsgruppen ließen sich diese Phasen und ebenso eine bestimmte Abfolge nicht nachweisen (P. Simon 2003, S. 50). Es erscheint uns deswegen nicht sinnvoll, mit gruppendynamischen Phasenmodellen die Entwicklung von Teams zu beschreiben. Wir schlagen vor, zwischen drei Zuständen oder Phasen von Teamarbeit zu unterscheiden, in denen jeweils eine bestimmte Dynamik vorherrscht, die aber nicht gesetzmäßig hintereinander ablaufen: die Phase der Formierung, die Phase der Zusammenarbeit und des Zusammenschlusses und die Phase der Krise bzw. der »Metamorphose«.

1) Die Phase der Formierung

In keinem Team lässt sich diese Phase überspringen, jedes Team muss von vorne anfangen und im Zusammenspiel der Bedingungen, die der Kontext setzt (s. Kap. 2), zu einer Ordnung finden. Der Anfang ist von Offenheit und vielen Möglichkeiten bestimmt, aber zugleich von Unsicherheit und Verunsicherung, weil niemand weiß und vorhersagen kann, wie man in diesem neuen Team mit den anderen und der Aufgabe zurechtkommen wird. Die Unsicherheit wird gerne damit überspielt, dass man so tut, als wäre man schon ein Team. Man plant und entscheidet, aber die Pläne und Entscheidungen werden nicht umgesetzt. Man einigt sich schnell auf ein Ziel oder ein Vorgehen, aber es stellt sich heraus, dass alle etwas anderes darunter verstehen. Diese Phase ist nicht durch minutiöse Planung und genau Regelungen zu bewältigen, erst die Erfahrungen, die die Teammitglieder miteinander machen, zeigen, welche Regeln und Normen gelten und welche Pläne befolgt werden. In dieser Phase, die, wie schon erwähnt, in Teams ca. drei bis sechs Monate dauert, ist es wichtig, darauf zu achten, dass die Einzelnen in Erscheinung treten und die anderen kennenlernen, dass erste Kooperationserfahrungen gemacht und ausgewertet werden können, ohne dass alles schon für die Ewigkeit festgelegt wird. Je mehr Auseinandersetzung und Reibung in dieser Phase stattfinden, so unsere Erfahrung, desto funktionaler ist die daraus entstehende Ordnung. Damit wird verhindert, dass die erste die erst beste Ordnung ist – das wäre im Beispiel die sternförmige Kommunikation über den Projektleiter.

2) Phase der Zusammenarbeit und des Zusammenschlusses

Dieser Zustand zeichnet sich dadurch aus, dass die entstandene Ordnung nicht mehr infrage gestellt wird. Es ist ein eher harmonischer Zustand, die Gemeinsamkeiten und die Bedeutung des Teams werden betont, Konflikte vermieden, unterschiedliche Meinungen, die den Frieden stören könnten, werden ausgeklammert. Es besteht die Tendenz, in gleicher Weise wie bisher fortzufahren, ob das nun zweckmäßig ist oder nicht (Phase der Trägheit nach Gersick 1988).

Die Einzelnen haben ihren Platz im Team gefunden, sich in die interne Hierarchie eingeordnet, es ist klar, wer mehr und wer weniger zu sagen hat, welche Rolle die formellen und informellen Leiter spielen, wer mit wem besser zurechtkommt und mit wem nicht.

Man ist stolz auf das Erreichte, gerade dann, wenn sich Erfolge einstellen, und das Team wird idealisiert. Um diesen Zustand möglichst lange aufrechtzuerhalten, werden Veränderungen in den Umwelten, neue Aufgaben von außen ebenso wie neue Bedürfnisse der Mitglieder lange Zeit ausgeblendet und nicht zur Kenntnis genommen.

Außenstehende wundern sich, dass die eingetrampelten Pfade auch dann noch gegangen werden, wenn sie längst nicht mehr zum gewünschten Ziel führen. Sie übersehen leicht, dass das Team damit die eigene Identität schützt. Dieser Zustand hält vor allem dann lange an, wenn das Team erfolgreich ist, unter Umständen über Jahre.

3) Phase der Krise und »Metamorphose«
(Arrow et al. 2000, p. 213)

Fast alle Fälle, die wir in diesem Buch beschreiben, handeln von Teams, die in eine Krise geraten sind. Auslöser für Krisen sind Veränderungen in den Umwelten: Neue Anforderungen, neue Erwartungen der Mitglieder, Unzufriedenheit bei den Kunden bzw. Klienten etc. – oder es wird klar, dass die Ziele auf dem bisherigen Weg nicht erreicht werden können. Nach der Studie von Gersick (1988) überprüfen Projektgruppen nach der Halbzeit ihres Bestehens die Vorgehensweise, die sie seit dem Anfang konstant beibehalten haben. Jetzt wird die bestehende Ordnung infrage gestellt, Konflikte kommen an die Oberfläche, und zwar nicht nur die aktuellen, sondern auch die, die in der Phase 2 zurückgehalten wurden. Vieles erscheint jetzt in einem neuen Licht und wird neu bewertet, es ist ein spannungsreicher Zustand, in dem die Unterschiede betont werden.

Im besten Fall passt sich das Team an die neuen Bedingungen an, verwandelt sich und findet ein neues Gleichgewicht. Erfolgreich bewältigte Krisen werden von den Beteiligten an »selbst organisierten« Arbeitsgruppen und Initiativen als Erwachsenwerden der Gruppe erlebt und beschrieben, als eine bestandene Bewährungsprobe, die zu einer realistischeren Einschätzung der eigenen Möglichkeiten führt (vgl. Schattenhofer 1992). Das kann man auch auf Teams in Organisationen übertragen.

Krisen als Anstöße für Veränderungen können auch planvoll herbeigeführt werden, indem Teams sich z. B. regelmäßig einer Reflexion unterziehen (s. Abschn. 4.6).

3.2 Der Neue macht nicht mit

In diesem Team finden regelmäßige und verpflichtende Besprechungen statt. Ein neuer Kollege weigert sich, daran teilzunehmen, und bringt dadurch alle anderen gegen sich auf. Auch der Projektleiter wird geschwächt, weil er sich gegenüber dem Neuen nicht durchsetzen kann.

A) Situationsbeschreibung

Herr P. (35 Jahre) ist Projektleiter eines interdisziplinären Forschungsteams, das an Fragen der technischen Verbindung des Fernsehens mit dem Internet arbeitet. Das Team besteht aus sieben wissenschaftlichen Mitarbeitern und drei wissenschaftlichen Hilfskräften: Informatikern, Mathematikern und Medieninformatikern. Alle sind männlich und zwischen 20 und 30 Jahren alt. Herr P. und zwei weitere Projektmitarbeiter sind bei der Großforschungseinrichtung fest angestellt, die anderen haben Fünfjahresverträge, verbunden mit der Möglichkeit zur Promotion. Das Projekt wird, wie alle anderen der Gesellschaft, zu 70 % aus der Wirtschaft finanziert.

Das Team arbeitet kontinuierlich in diesem Bereich und sorgt selbst für Anschlussprojekte. Es ist weltweit mit anderen Forschungseinrichtungen vernetzt. Die fest angestellten Mitarbeiter werden nach der Promotion oft von Unternehmen abgeworben, was gerne gesehen wird, weil so die Vernetzung mit den Auftraggebern aufrechterhalten bleibt. Die wissenschaftlichen Hilfskräfte sind Studenten, die ihre Diplomarbeit anfertigen. Es gilt also immer wieder, Mitglieder zu verabschieden und neue aufzunehmen und zu integrieren.

In der Forschungseinrichtung herrscht auf der operativen Ebene eine ausgeprägte Teamkultur, das heißt, alle Forschungsvorhaben werden in interdisziplinären, nicht hierarchischen Teams bearbeitet. Herr P. ist deswegen unmittelbar an den Institutsleiter angebunden, der zugleich die Personalverantwortung für alle Teammitglieder hat. Somit leitet Herr P. zwar das Team, er ist aber nicht der Vorgesetzte der Teammitglieder. Dies ist in dieser Einrichtung traditionell so geregelt. Der Institutsleiter mischt sich in aller Regel nicht in die Arbeit ein.

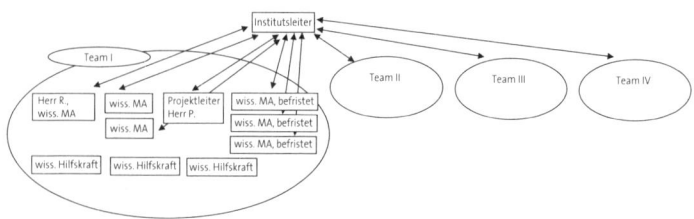

Abb. 5: Organigramm Forschungsinstitut

Das Team trifft sich wöchentlich auf einer Teamsitzung zum fachlichen Austausch und zur Klärung und Entscheidung aller Fragen, die das Projekt betreffen. Auf der Etage, auf der das Team residiert, stehen die Türen offen, und man kann die anderen jederzeit ansprechen. Insgesamt sind alle auf ein gutes und freundschaftliches Miteinander bedacht.

Vor einem Dreivierteljahr ist ein neuer Mitarbeiter, der 28-jährige Herr R. aus Chile, zu dem Team gestoßen, als einziger Kollege, der nicht aus Europa kommt. Er ist fachlich sehr gut qualifiziert und stellt für das Team eine wichtige Erweiterung der Expertise dar. Seine Kenntnisse hätte das Team nur mit großem Aufwand selbst erwerben oder von anderen beziehen können. Der Institutsleiter war und ist sehr an dem neuen Mann interessiert und will ihn noch für andere Projekte einsetzen. Der Neue verhält sich von Anfang an anders, als es die Teamkultur verlangt: Seine

Bürotür ist geschlossen, und er nimmt nicht an den Teamsitzungen teil, es sei denn, es geht unmittelbar um sein Thema. Er selbst wendet sich direkt an die Kollegen oder den Projektleiter, wenn er etwas braucht. Immer wenn ihn die Kollegen direkt ansprechen, stellt er bereitwillig seine Kenntnisse zur Verfügung. Er erscheint am Kontakt zu den Kollegen weder interessiert, noch ist er darauf angewiesen. Er wirkt eher wie ein etwas kontaktscheuer Eigenbrötler oder Tüftler. Bei den Kollegen kommt das oft als Arroganz an.

Das Team setzt nun den Projektleiter unter Druck, den Neuen dazu zu bringen, an den Teamaktivitäten teilzunehmen. Sie ärgern sich über Herrn R., der sich solche Freiheiten herausnimmt. Herr P. spricht mehrmals mit dem Neuen. Der betont immer wieder, Besprechungen seien nichts für ihn, nur verlorene Zeit, er wisse nicht, was er da solle. Man könne ihn jederzeit ansprechen, und ansonsten sei er an seiner wissenschaftlichen Teilfrage interessiert.

Der Institutsleiter sieht keine Notwendigkeit einzugreifen und meint, Herr P. werde als Projektleiter das Problem schon lösen. Er bietet aber die Unterstützung durch eine externe Beratung unter dem Titel »Teamentwicklung« an. Herr P. wird von dem Neuen sehr verunsichert, und er beginnt, an seinen eigenen Führungsqualitäten zu zweifeln. Schließlich wird er von allen dafür verantwortlich gemacht, dass der Neue nicht mitmacht, und er leitet eine Maßnahme in die Wege.

In der Teamentwicklung mit einem externen Supervisor wird dann in sieben Treffen (à zwei Stunden) über einen Zeitraum von fünf Monaten an der Arbeitsfähigkeit des Teams gearbeitet.

Der Neue ist das erste große Thema. Vor allem die zwei langjährigen fest angestellten Mitarbeiter sind darüber aufgebracht, dass der Neue sich nicht in die Ordnung des Teams fügt. Herr R. kommt nur einmal zur Teamentwicklung. Als der Berater ihn darauf anspricht, sagt er wieder, dass ihm das Gerede nichts bringe und er nicht mitmachen wolle.

B) Folien des Verstehens

Folie 1: Neue Mitglieder stellen die bestehende Ordnung infrage

Herr R. kommt als Letzter neu in das Forschungsteam als eines von zehn Mitgliedern, und man möchte annehmen, dass die Zusammenarbeit wie bisher weitergeführt wird. So kommt es aber nicht: Herr R. bringt eigene Vorstellungen von einer guten Zusammenarbeit mit und passt sich nicht der geltenden Teamkultur an. Die Verweigerung von R. zeigt, dass Neue das Bestehende zumindest teilweise infrage stellen können. Auf einmal wird klar: Es könnte auch anders gehen als bisher. Das dauert meistens nicht lange: Den Neuen wird im besten Fall erklärt, warum das und das gerade auf diese Weise gehandhabt wird, im schlechteren Fall wird einfach von ihnen erwartet, dass sie sich den Gepflogenheiten anpassen. Oft kann man schon nach 14 Tagen als Außenstehender die »Neuen« nicht mehr von den »Alten« unterscheiden. Sie äußern die gleichen Ansichten über das Team, seine Aufgabe und seine Umwelt, oft auch die gleiche Klage, die gleiche Bewunderung oder Ablehnung anderen gegenüber. Sie übernehmen Ansichten, die sie aus eigener Erfahrung (noch) gar nicht teilen können. Ihre Anpassung wird als Gegenleistung für ihre Zugehörigkeit erwartet, und in vielen Fällen wird der Preis von den Neuen auch bezahlt, denn ihr Platz im Team ist nicht »umsonst« zu haben. Die Neuen müssen zeigen, dass sie sich auf das Team einstellen und bereit sind mitzumachen – ein angenehmeres Wort für Anpassung oder Unterwerfung.

Herr R. passt von vielen Merkmalen her gut zu den anderen: Er ist im entsprechenden Alter, ein Mann mit ähnlicher Ausbildung, und er hat damit gute Chancen, in diesem Team zu landen. Die Gemeinsamkeiten sind groß, wenn man von seiner Nationalität absieht.

Da Herr R. sich nicht nach den Gepflogenheiten des Teams richtet und das Recht der »älteren Teammitglieder« nicht akzeptiert, steht seine Zugehörigkeit schnell infrage: Sollen sich jetzt alle nach ihm richten? Die anderen empfinden das als Zumutung, und der Ärger darüber bringt sie gegen den Neuen auf. Den bekommt als Erstes der Projektleiter, Herr P., zu spüren, der aufgefordert wird, Herrn R. auf Teamlinie zu bringen. Das Team ist davon überzeugt, dass das zu seinen Leitungsaufgaben gehört.

Folie 2: Die Machtverteilung bestimmt, was geschieht
Herr R. erweist sich als sehr mächtiges Teammitglied, er kann seinen Willen auch gegenüber dem Teamleiter durchsetzen. Er muss sich nicht anpassen, er kann die Zusammenarbeit nach eigenen Regeln gestalten, und selbst der vom Institutsleiter angebotenen und vom Teamleiter durchgeführten Teamentwicklung mit dem externen Berater kann er sich entziehen. Niemand, auch nicht der Leiter des Instituts, spricht ihm gegenüber ein »Machtwort«. Welches sind die Quellen seiner Macht?

- Das Expertentum: Herr R. ist aufgrund seiner speziellen fachlichen Kompetenz für das Team unverzichtbar. Die anderen sind auf seine speziellen Kenntnisse und Fertigkeiten angewiesen. Er ist oder erscheint unersetzlich.
- Die Unterstützung von oben: Herr R. wird vom Leiter des Instituts nicht damit konfrontiert, dass er sich in die bestehenden Regeln des Teams einfügen muss. Im Gegenteil, der Institutsleiter unterstützt ihn dabei, die Regeln infrage zu stellen.
- Die Unempfindlichkeit gegenüber dem Druck der Gruppe: Herr R. hat offensichtlich nicht das Bedürfnis, bei seinen Kollegen gut anzukommen. Das stärkt ihn in der Auseinandersetzung, zugleich isoliert es ihn von den anderen. Das scheint ihm aber nichts auszumachen.

Die Macht von R. wie auch die der anderen Teammitglieder speist sich aus verschiedenen Quellen und ist in diesem Fall keine Positionsmacht, also eine Macht, die von der hierarchischen Position von R. ausgeht und von ihr legitimiert wird.

Die Macht von Herrn R. ist mit dem Erleben von Ohnmacht bei Herrn P. und den anderen Teammitarbeitern verbunden. Sie fühlen sich nicht ernst genommen, die Ordnung, die sie sich erarbeitet haben, wird mit »Bringt mir nichts« abgewertet, die Einladungen werden abgelehnt. Das führt bei ihnen zu heftigen Gefühlen von Gekränktsein, Ärger, Wut, Enttäuschung, Resignation gegenüber R., gegenüber P. als machtlosem Teamleiter, dem Institutsleiter und dem ganzen Projekt. Die bisher Mächtigen in diesem Team sind davon besonders betroffen, weil sie die bestehende Ordnung repräsentieren. Diese Gefühle stehen einer »vernünftigen«, sachdienlichen Lösung im Wege. Demgegenüber rückt die Frage in den Mittelpunkt, wer sich durchsetzt.

Folie 3: Alle oder keiner – Von lockeren und von strengen Regeln

Regeln in Teams gehören nach unserem Modell zu den stabilisierenden Kräften der Teams, die für Kontinuität und Berechenbarkeit sorgen. Ein Team braucht Regeln, aber es wird immer zu klären sein, wie fest und wie allgemeingültig sie sind.

Das Forschungsteam steht vor einer schwierigen Frage: Gelten die Regeln für alle oder für keinen? Wenn jemand dauerhaft Sonderrechte für sich beansprucht, wird die Verbindlichkeit der Regeln allgemein infrage gestellt. Die geschlossene Zimmertür ist leichter zu ertragen als die dauerhafte Abwesenheit bei den wöchentlichen Teambesprechungen. Das Erste kann individuell gehandhabt werden, beim Zweiten ist man aufeinander angewiesen. Wenn alle nur dann kommen, wenn sie es gerade für notwendig erachten, dann findet keine regelmäßige Besprechung mehr statt.

Herr R. verhält sich nicht grundsätzlich unkooperativ, er ist ansprechbar und unterstützt die anderen, wenn sie sich direkt an ihn wenden. Er hat eine andere Vorstellung von Zusammenarbeit, die ganz offensichtlich unvereinbar mit der der anderen Teammitglieder ist. Auch diese Frage stellt sich – vielleicht nicht in dieser Schärfe – in jedem Team: Wie unterschiedlich darf man sein, und wie streng oder konsequent werden die Regeln der Mehrheit durchgesetzt?

Die Regeln können festgezurrt werden, in dem z. B. Herr R. damit konfrontiert und mithilfe des Vorgesetzten dazu verpflichtet wird, zu den Besprechungen zu kommen, oder sie werden gelockert und individualisiert, mit der Gefahr, dass der Zusammenhalt des Teams allgemein infrage steht. Die Teambesprechung in diesem Forschungsteam ist ein Beispiel für den Balanceakt zwischen den Anforderungen der Aufgabe, dem Gruppenerhalt und den Bedürfnissen der Einzelnen.

Hätte sich die Norm des »Alle oder keiner« durchgesetzt, dann hätte das Team die Balance wohl verloren, und wahrscheinlich wäre Herr R. ausgeschlossen worden. Indem das Team an bestimmten Stellen auf strenge, allgemeingültige Regeln verzichtet und Herrn R. einen besonderen Spielraum einräumt, hält es die Balance. Teamarbeit wird in diesem Fall dadurch ermöglicht, dass auf bestimmte kritische Fragen keine eindeutige Antwort gegeben wird oder dass man bestimmte trennende Themen und Konflikte in der Schwebe lässt.

C) Bewertung und Entscheidung

Alle Perspektiven sind von Bedeutung, aber die wichtigste für die weitere Bearbeitung des Problems ist die dritte. Die Phase der Neuheit von Herrn R. ist vorbei, die Gelegenheit seiner Einführung ins Team, die von beiden Seiten bestimmte Zugeständnisse verlangt hätte, ist bereits vergangen. Hier hätten Verhandlungen stattfinden können. Die Untersuchung der Machtverhältnisse ist wichtig, weil sie die Möglichkeiten und Grenzen der Beteiligten offenbart, aber die Verhältnisse bleiben natürlich so. Die dritte Perspektive eröffnet den größten Handlungsspielraum, sie hilft, die Polarisierung zwischen Herrn R. und den anderen wenn schon nicht zu überwinden, so doch sie handhabbar zu machen.

D) Handlungsoptionen

Für den Berater: Als Berater steht man vor einer schwierigen Entscheidung: Soll man sich auf die Seite der verbindlichen und verlässlichen Zusammenarbeit schlagen oder auf die der eher spontanen und ungeregelten Kooperation, die der Neue praktiziert? Das entscheidet sich schon an der Frage, ob er mit dem Team arbeitet, ohne dass Herr R. daran teilnimmt. Indem er es tut, schließt er sich der Position an, dass am Verhalten von Herrn R. nichts zu ändern und es zu akzeptieren sei. Damit konfrontiert er das (Teil-)Team mit seiner eigenen und der gemeinsamen Machtlosigkeit.

Die Beratung beginnt mit der Bearbeitung des Ärgers und der Hilflosigkeit, die durch die Provokation des Neuen entstanden sind. Die damit verbundene Kränkung kann man nicht einfach so wegstecken und zur Tagesordnung übergehen: »Das geht doch nicht, es kann nicht jeder machen, was er will!« Der Ärger über die verlorene Einheit und Geschlossenheit wird das Team wohl nie mehr ganz verlassen, der bis zum Eintritt des Neuen herrschende Frieden nie mehr wieder ganz hergestellt werden. Trotzdem braucht es für die Thematisierung dieser Gefühle Zeit und Gelegenheit.

Erst danach kann das Team mithilfe des Beraters ein Bewusstsein dafür entwickeln, dass es nicht schlechter arbeitet und auch nicht auseinanderfällt, wenn einer sich anders verhält, wenn es mehr individuelle Freiheiten gibt. Es kann lernen, dass uneindeutige Regeln und vermiedene Klarheiten manchmal eine Stärke und kein Defizit darstellen – wenn man sie bewusst so gestaltet.

Für den Projektleiter: Herr P. kann zuerst für sich klären, wie er selbst zu der Sache steht, wie sehr er sich durch den Neuen und/oder den Institutsleiter in seiner Funktion untergraben fühlt und wie sehr ihn das stört und einschränkt. Wenn er zu dem Schluss kommt, dass er unter diesen Bedingungen das Projekt nicht mehr leiten will, kann er die Situation zum Anlass nehmen, seine Rolle und seine Einflussmöglichkeiten zu klären. Dazu muss er mit dem Institutsleiter in eine Auseinandersetzung treten.

Herr P. kann sich aber auch als Projektleiter dadurch entlasten, dass er sich die Abwesenheit von Herrn R. nicht als eigenes Versagen anrechnet, da seine Möglichkeiten mit der Unterstützung für Herrn R. durch den Institutsleiter enden. Dabei ist auch die Kränkung zu verarbeiten, die durch das Erleben der eigenen Abhängigkeit entstanden ist.

Er kann dann die Situation akzeptieren und an einer Teamkultur arbeiten, in der beide Muster einen Platz haben, ohne dass es zum Entweder-oder kommt. Das würde bedeuten, dass er zwischen den beiden Positionen vermittelt und nicht im Auftrag der Mehrheit versucht, den Neuen auf die Linie des Teams zu bringen. Wichtig ist, dass er eine Entscheidung trifft.

Für die Teammitglieder: Kann jemand zum Team gehören, der nur teilweise mitarbeitet? Kann man das ertragen? Ist das der einzige Konflikt, die einzige Spannung, die es in diesem Team gibt, oder werden dadurch nur andere überdeckt? Geht es auch mit weniger Regelung und mehr individuellen Absprachen? Kann man trotz der Kränkung mit Herrn R. zusammenarbeiten? Kann man

den Zusammenhalt der anderen ohne Herrn R. als Wert und Be-
reicherung schätzen, ohne sich gegen ihn zu wenden?

Die Antworten auf diese Fragen könnten die Situation entspannen, da die anderen Teammitglieder damit einen eigenen Entscheidungsspielraum entdecken können, der ihnen in dieser – aufge-
zwungenen – Situation bleibt.

E) Modellbezug
Macht und Einfluss in Teams
Hierarchielosigkeit und Gleichberechtigung war in den Anfän-
gen der Teamarbeit ein zentrales Merkmal für diese Arbeitsor-
ganisation (z. B. Buchinger 2004, S. 210–217). Heute gibt es in
vielen Teams formale Leitungsrollen mit dienstrechtlichen und
fachlichen Vorgesetztenaufgaben. Ob hierarchisch oder gleichbe-
rechtigt, die Machtfrage ist in Teams mit der formalen Regelung
nicht endgültig geklärt. Die Mitglieder unterscheiden sich in ihren
Möglichkeiten, Macht auszuüben und Einfluss zu nehmen, und
diese Unterschiede müssen im Team balanciert werden. Schließlich will niemand auf Dauer einem Team angehören, in dem er
keinen Einfluss nehmen kann, und kein Team kann seine Aufgabe
erfüllen, wenn Einzelne nur Befehlsempfänger sind.

Jenseits formaler Leitungsrollen gibt es Status- und Positions-
unterschiede zwischen den Teammitgliedern, die in das Team hi-
neinwirken und die unterschiedliche Möglichkeiten der Einflussnahme zur Folge haben. Das geschieht durch:

- verschiedenwertige und unterschiedlich angesehene Qualifikationen mit unterschiedlicher Bezahlung
- Vollzeit und Teilzeit arbeitende Mitarbeiter
- befristete und unbefristete Arbeitsverträge
- die besondere Unterstützung von einzelnen Teammitgliedern
durch die Hierarchie der Organisation (zur Machtverteilung in
Organisationen Morgan 2008).

Auch die Individuen bringen unterschiedliche Verhaltensweisen
und Kompetenzen mit ins Team, die es ihnen leichter oder schwerer machen, Einfluss zu nehmen, abhängig von der jeweiligen
Teamaufgabe, der Teamkultur und den anderen Teammitgliedern.

Folgendes kann wirken:

- klare und eindeutig geäußerte Interessen
- die Fähigkeit, die Interessen der Gruppe zu erkennen und zu benennen
- gutes Timing – nicht zu früh und nicht zu spät auf den Plan treten
- Mut, sich zu exponieren
- persönliche Attraktivität
- Seniorität: Erfahrung und lange Zugehörigkeit
- spezifische fachliche Qualifikationen
- fachliches und soziales Engagement für das Team und die Bereitschaft, Verantwortung zu übernehmen
- geringe Kränkbarkeit (zu Aspekten von Machtbeziehungen in Gruppen König 2007, S. 26–44).

Jedes Team bildet vor dem Hintergrund dieser Kontextbedingungen und Verhaltensweisen eine jeweils spezifische Ordnung von »oben und unten« aus, nach der – situationsspezifisch verschieden – manche bestimmen und manche sich bestimmen lassen.

Die Macht- und Einflussordnung eines Teams sollte ebenso wie die anderen Aspekte der Ordnung nicht tabuisiert und für unantastbar erklärt werden, weil die Ordnung sonst erstarrt. Das zeigt sich entweder darin, dass jeder Einfluss vermieden und verhindert wird oder aber dass immer die Gleichen unhinterfragt das Sagen haben (s. auch Abschn. 3.5).

3.3 Das gespaltene Team

Es gibt Unterschiede in Teams, die sich nicht aufheben lassen und die auch nicht verschwinden sollen, obwohl sie immer wieder zu Spannungen führen. Die Auseinandersetzung mit diesen Unterschieden – zum Beispiel mit unterschiedlichen Zielen, die aber von der Organisation vorgegeben sind – ist gewollt und soll die Qualität der Arbeit sichern. In unserem Modell nennen wir das den »belebenden Konflikt«. Er belebt aber nur wirklich, d. h., er führt nur dann zu einer Auseinandersetzung und zu einer Verständigung über Ziel und Qualität der Arbeit, wenn die Beteiligten nicht nach dem Schuldigen suchen, sondern die Dauerspannung als Teil ihrer Zusammenarbeit verstehen.

A) Situationsbeschreibung

Der Verein ist Träger eines Restaurants, das jugendliche ehemalige Drogenabhängige als Helfer beschäftigt. Das Restaurant mit seinem Personal trägt sich nicht selbst, sondern wird aus Mitteln der EU teilfinanziert. Zwei Sozialarbeiter, eine Verwaltungskraft und ein Koch werden aus Projektmitteln bezahlt. Die EU gibt Gelder für Projekte zur Wiedereingliederung jugendlicher Drogenabhängiger, und dies ist ein solches Projekt. Die Teamtreffen finden in einem düsteren, unwirtlichen Raum statt.

Der Koch leitet das Restaurant, seine Helfer sind sechs Jugendliche, alle Ex-User. Die Sozialarbeiter betreuen die Jugendlichen, die Bürokraft ist zuständig für Verwaltungstätigkeiten.

Das Team ist gespalten: Sozialarbeiter und Bürokraft einerseits und Koch andererseits arbeiten gegeneinander. Ständiger Streitpunkt ist die Frage, wie mit den Jugendlichen umzugehen sei. Aus der Sicht des Kochs verhalten sich die meisten seiner Helfer unmöglich. Sie sind unzuverlässig, sie kommen zu spät oder gar nicht. Wenn sie da sind, machen sie ihre Arbeit nicht ordentlich. So kann man kein Restaurant führen – die Arbeitsteilung muss stimmen, und die zeitlichen Abläufe müssen eingehalten werden. Er kritisiert sie deshalb häufig und macht ihnen Druck. Eine Küche ist schließlich kein Sanatorium.

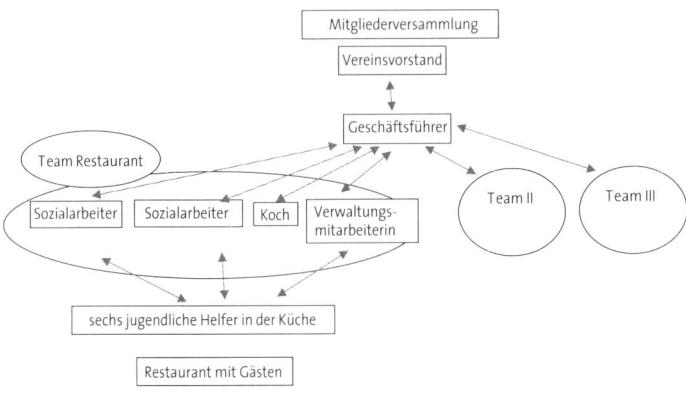

Abb. 6: Organigramm des Restaurants

Von den Sozialarbeitern erwartet er, dass sie ihn unterstützen, dass sie wenigstens mit den nachlässigen Jugendlichen mal ein ernstes Wort reden. Aber nicht einmal das tun sie, im Gegenteil, sie kritisieren den Koch und finden, dass er im Umgang mit seinen Helfern viel zu hart und zu streng ist. Sein persönlicher Stil sei unmöglich, er sei durch sein Verhalten letztlich verantwortlich für die Schwierigkeiten, die es mit den Jugendlichen immer wieder gibt.

Die beiden Sozialarbeiter sind für die Betreuung der jugendlichen Restaurantmitarbeiter zuständig. Sie kennen das persönliche Schicksal jedes Einzelnen, und für sie ist es eine Frage ihrer beruflichen Kompetenz, ob sie die Jugendlichen so stützen können, dass sie bei der Stange bleiben und nicht den Mut verlieren.

Darüber hinaus sind sie auch für die Finanzierung zuständig. Sie beantragen die EU-Gelder, sie schreiben die Berichte, und sie stellen auch die erforderlichen Statistiken zusammen. Für die Finanzierung ist es wichtig, dass die Jugendlichen nicht abspringen, denn sie bringen letztlich die Fördermittel. Die Sozialarbeiter wissen nicht, wie der Restaurantbetrieb im Einzelnen abläuft. Ihr Interesse und ihr Engagement gilt den Jugendlichen – und das aus professionellen, aber auch aus finanziellen Gründen.

B) Folien des Verstehens

Der Beraterin wird von den Beteiligten ein Konflikt zwischen Personen mit unterschiedlicher Arbeitsauffassung und störendem Verhalten angeboten. Beim Koch ist es ein Persönlichkeitsproblem: Er ist zu streng. Die Sozialarbeiter sind unkollegial. Wenn der Koch sich anders verhalten würde oder wenn die Sozialarbeiter ihm nicht in den Rücken fallen würden, dann wäre alles gut.

Es ist oft nützlich, nach anderen Verstehenszugängen zu suchen und diejenigen, die die Betroffenen selbst haben, erst einmal beiseitezulegen. Denn nicht selten besteht die Sackgasse, in der sich die Beteiligten befinden, in einer Diagnose, die nicht weiterführt.

Bei näherer Betrachtung zeigt sich, dass die Treiber des Konfliktes nicht nur, aber auch in den handelnden Personen liegen, dass jedoch wichtige Ursachen in der Organisation zu suchen sind.

Folie 1: Der Zielkonflikt: Widersprüchliche Ziele führen zu
Konflikten im Team
Die beiden Parteien in dem Konflikt verfolgen innerhalb ihrer kleinen Organisation nicht die gleichen Ziele: Der Koch möchte, dass das Restaurant gut läuft, und dazu braucht er Mitarbeiter, die sich an gewisse Rahmenbedingungen halten.

Den Sozialarbeitern ist vor allem wichtig, dass die Jugendlichen nicht abspringen. Sie möchten möglichst viele in ihren Unterlagen als im Restaurant Beschäftigte und damit als Teilnehmer einer integrierenden Maßnahme führen.

Diese widersprüchlichen Ziele haben sich die Beteiligten nicht ausgedacht – sie sind ihnen durch die Organisation vorgegeben. Dem Verein ist beides wichtig: Das Restaurant soll gut laufen, und die Jugendlichen sollen bei der Stange bleiben. Nur wenn beides gelingt, kann die Organisation weiter bestehen.

Bei den Streitigkeiten zwischen Sozialarbeitern und Koch handelt es sich also um die Folgen einer in der Organisation angelegten Spannung. Sie hat ihren Ursprung in Merkmalen der Organisation, zum Beispiel in Zielen, in der Arbeitsteilung oder in Arbeitsabläufen, nicht in Personen oder Gruppen. In unserem Beispiel stehen die beiden Ziele »Ein gutes Restaurant führen« und »Möglichst viele Jugendliche in der Ausbildung behalten« in Spannung zueinander. Es kann leicht eine Situation entstehen, in der sie sich widersprechen. Die von außen induzierte Spannung erscheint dann als Streitpunkt zwischen den Teammitgliedern.

Folie 2: Unterschiedliche berufliche Sozialisation:
Was verstehen die Teammitglieder unter »guter Arbeit«?
In unserem Team treffen Menschen aufeinander, deren berufliche Sozialisation und deren berufliches Selbstverständnis sich unterscheiden.

Sozialarbeiter lernen etwas anderes als Köche, sie entwickeln andere Wertvorstellungen und definieren berufliche Erfolge anders.

Sozialarbeiter sehen sich oft als Therapeuten. Sie identifizieren sich mit den Schwächeren und sehen eine wichtige Aufgabe darin, sich für sie einzusetzen. Sie sind daher von Berufs wegen ohnehin empfindlich gegen Autoritäten, besonders, wenn diese sich in ihren Augen eben tyrannisch gebärden.

Möglicherweise betrachten sie die Restauranthelfer als ihre »Patienten«. Sie müssen sie nicht nur erfolgreich therapieren, sondern sie müssen sie auch schützen gegen den Koch, der sich als autoritärer Herrscher aufspielt. Wenn ein Jugendlicher abspringt, bedeutet es nicht nur einen finanziellen Verlust für den Verein, sondern auch ein berufliches Versagen der Sozialarbeiter.

Köche dagegen sind für ihr hartes Regiment berüchtigt. In ihrer Küche sind sie unbeschränkte Autoritäten. Berühmte Köche sind gottgleiche Herrscher. Auch der Ausbilder unseres Kochs war damals streng und hat nichts durchgehen lassen, und der Koch findet, diese Strenge ist ihm gut bekommen. Die Küche ist sein Reich, dort gilt nur sein Wort, und die Helfer haben zu funktionieren, nicht zu diskutieren.

Diese autoritäre Leitung wird nicht nur durch eigene Erfahrungen, sondern auch durch die Notwendigkeiten der Arbeit gefördert. Der Koch ist dann ein guter Koch, wenn die Speisen gut gelingen, wenn das Timing klappt, wenn die Gäste zufrieden sind und die Ausgaben niedriger sind als die Einnahmen. Dazu bedarf es des reibungslosen Zusammenspiels aller Beteiligten. Im Küchenteam ist die gegenseitige Abhängigkeit groß.

Sozialarbeiter und Koch haben ganz unterschiedliche innere Bilder von ihrer Arbeit – sowohl davon, was für sie »erfolgreiche Arbeit« bedeutet, als auch von der Rolle, die die Jugendlichen dabei spielen. Sie verfolgen, bezogen auf die Jugendlichen, ganz unterschiedliche Ziele. Für den Koch bedeutet »Integration« zuverlässige, disziplinierte und rasche Erledigung der in der Küche anfallenden Arbeiten. Er sieht sich nicht als Therapeuten der Jugendlichen, sondern als ihr Chef, der zwar bereit ist, ihnen Verständnis entgegenzubringen, aber nur, solange die Arbeit nicht darunter leidet. Damit dürften die Sozialarbeiter nicht zufrieden sein. Ihnen geht es vermutlich mehr um Selbstbewusstsein als um Unterordnung; mehr um Eigeninitiative als um pflichtbewusste Zuarbeit.

C) Bewertung und Entscheidung

Beide Verstehenszugänge sind von Bedeutung. Wichtigster Treiber ist die Zielsetzung der Organisation. Die unterschiedliche berufliche Sozialisation der Beteiligten trägt dazu bei, dass das Konfliktpotenzial zum manifesten Konflikt wird. Der Konflikt kann und soll also nicht beseitigt werden. Er kann aber anders verstanden werden. Wenn das gelingt, können die Teammitglieder neue Strategien des Umgangs damit entwickeln.

D) Handlungsoptionen

Beabsichtigte Zielkonflikte sind nicht dazu da, gelöst zu werden. Aber wenn die Konfliktparteien erkennen, dass es sich bei ihrer Kontroverse um einen solchen handelt, können sie aufhören, die Probleme der jeweils anderen Seite zuzuschreiben. Und erst dann können sie Wege finden, die Widersprüche, die ja weiterhin bestehen, besser auszubalancieren.

Der Vorgesetzte, in unserem Fall der Geschäftsführer, oder auch eine externe Beraterin kann aktiv werden.

Ein erstes Ziel besteht darin, die Probleme als durch die Organisation produziert zu verstehen. Das ist von außen leichter als von innen. Die Mitarbeiter stecken mittendrin, sie brauchen Unterstützung beim Sichdistanzieren.

Ein zweites Ziel ist es, das Stabilisierende zu stärken: Normen und Regeln für den Umgang mit dem Konflikt müssen entwickelt werden und ebenso Regeln für das Verhalten der Jugendlichen. Diese Regeln sollten nicht zu eng und nicht zu unverbindlich sein.

»Wer dreimal nicht zum Dienst erschienen ist, fliegt« – eine solche Regel wäre zu eng; sie würde das Team möglicherweise dazu zwingen, etwas zu tun, was es eigentlich nicht will, nämlich einen Jugendlichen, der sich recht gut entwickelt, wegen dreimaligen Fehlens auszuschließen.

Zu wenig Regelung dagegen, also zu wenig Stabilisierendes, würde bedeuten: Das Team lernt nicht aus seinen Erfahrungen und zieht keine Konsequenzen aus dem, was es mit den Jugendlichen erlebt. Entscheidungskriterien werden nicht entwickelt. Jeder Fall wird so diskutiert, als hätte es noch nie etwas Vergleichbares gegeben. Das Entlastende, das in einer Regelung liegt, kann nicht genutzt werden.

Der Vorgesetzte oder die Beraterin können den Teammitgliedern helfen, die Widersprüche besser, d. h. unpersönlicher auszubalancieren. Sie können Kriterien vorgeben oder erarbeiten lassen: Wann ist ein Verhalten der Jugendlichen noch akzeptabel und dem Koch zuzumuten, wann ist eine Grenze überschritten, und sie müssen gehen – auch wenn der Verein dadurch Geld verliert? Wichtig ist, dass die Konfliktparteien darüber im Gespräch bleiben, wie ein bestimmtes Verhalten zu bewerten ist. Um das zu erleichtern, kann eine regelmäßige Fallkonferenz eingeführt werden, auf der schwierige Fälle besprochen und allmählich Entscheidungskriterien entwickelt werden. Der Geschäftsführer kann auch anbieten, auf Aufforderung dazuzukommen, um selbst zu entscheiden.

Allmählich entsteht eine andere, bessere Form des Umgangs mit den Widersprüchen als die persönliche Schuldzuschreibung.

E) Modellbezug
Der belebende Konflikt

Die Spannung zwischen den beiden Organisationszielen »Ein gutes Restaurant führen« und »Möglichst viele Jugendliche in Beschäftigung halten« nennen wir einen »belebenden Konflikt«. Belebende Konflikte sind in manche Teams gewissermaßen eingebaut. Sie sind nicht zu lösen, sondern sie machen es erforderlich, dass das Team sich bestimmten Fragen, die das Arbeitsverständnis betreffen, immer wieder stellt. Die Frage: »Was ist jetzt gerade wichtiger, die Restaurantführung oder die Weiterbeschäftigung eines bestimmten Jugendlichen?«, stellt sich immer wieder neu. Belebende Konflikte müssen verhandelt werden, obwohl sie ihren Ursprung nicht in den Personen haben. Sie halten in einem Team das Bewusstsein dafür wach, dass eine Entscheidung zwei Seiten hat, von denen keine ausgeschlossen werden darf.

Friedrich Glasl, ein bekannter Konfliktforscher, stellt nicht das Team, sondern die Organisation in den Mittelpunkt der Betrachtung. Er spricht von einem strukturellen Konflikt, denn er ist in der Organisationsstruktur verankert. Eine Organisation hat in der Regel ein bestimmtes Konfliktpotenzial, das durch strukturelle Vorgaben geschaffen wird. Ob dieses Potenzial zu einem manifesten Konflikt wird und wie dieser sich zeigt und ausgetragen wird, hängt von den persönlichen Eigenarten der Beteiligten ab (Glasl 2013).

Die Unterscheidung zwischen formeller und informeller Ordnung

Die formelle Ordnung dieses Teams ist zum großen Teil von außen vorgegeben: die Aufgabenverteilung und die Zuständigkeiten, die jeweiligen Qualifikationen und die Gehälter, die Verteilung der Leitungsaufgaben usw. Mit der formellen Ordnung in Teams ist die gewollte, gemachte und beabsichtigte Ordnung gemeint: So soll offiziell gearbeitet werden. Die formelle Ordnung in einem Team wird auch als die Vorderbühne des Teamgeschehens bezeichnet, als das, was alle im Zuschauerraum sehen können.

Mit der informellen Ordnung eines Teams bezeichnet man die Ordnung, die unausgesprochen und unvereinbart gilt. Sie entsteht im Laufe der Arbeit. Wer ist der eigentliche Leiter, an wem orientieren sich die meisten, und auf wen hören sie? Wer steht im Zentrum und wer am Rande, wer steht wem nahe, wer will mit wem nichts zu tun haben? Was wird offiziell besprochen und was nur informell? Diese Ordnung ist nicht unbewusst, sondern den Einzelnen und den Untergruppen des Teams durchaus bekannt. Informell – außerhalb der dienstlichen, arbeitsbezogenen Gespräche in den Pausen, nach Feierabend, im vertrauten Kreis der Gleichgesinnten – wird darüber oft ausführlich gesprochen. Das ist die Hinterbühne des Geschehens in Teams, die man aus dem Zuschauerraum nicht sehen kann, die aber das Geschehen auf der Bühne stark beeinflusst.

Die informelle Ordnung bildet sich im Zuge der Zusammenarbeit aus. Sie ist für das gemeinsame, zielbezogene Handeln mindestens genauso wichtig wie die formale Ordnung und die offiziellen Regeln. Beide Ordnungen bedingen sich gegenseitig und sind ohne die jeweils andere nicht denkbar. Will man Teamsituationen verstehen, ist es immer sinnvoll, zu untersuchen, wie die beiden Ordnungen zueinander stehen, ob sie sich gegenseitig ausbalancieren und begrenzen oder ob sie sich gegenseitig blockieren und aufheben. Meist ist es eine Mischung von beidem. Interventionen sollten sich an beiden Ordnungen orientieren, um wirksam werden zu können.

In unserem Fall hat die informelle Ordnung die formelle nahezu außer Kraft gesetzt: Da es den Beteiligten nicht gelingt, sich darüber zu verständigen, wie sie mit den widersprüchlichen Zie len umgehen wollen, haben sich informell zwei getrennte Arbeitseinheiten entwickelt – die formelle Ordnung steht in wichtigen Punkten nur noch auf dem Papier, informell handelt es sich um ein gespaltenes Team, dessen Mitglieder sich bekämpfen, anstatt zu kooperieren.

F) Forschungsergebnisse
Konflikte in Gruppen
Zielkonflikte und andere Formen des belebenden Konflikts sind bisher empirisch nicht untersucht. Die meisten Forschungen zu Konflikten in Gruppen entstammen der sogenannten funktionalen Perspektive. Diese Betrachtungsweise sieht Gruppen als Leistungsträger, und die Forscher möchten herausfinden, welche Inputs und Prozesse die Leistung erhöhen und welche sie mindern. Konflikte in Gruppen sind ein beliebtes Forschungsthema dieser Perspektive.

Die Forschung unterscheidet zwischen Beziehungskonflikten, Aufgabenkonflikten und Prozesskonflikten. Beziehungskonflikte werden definiert als Streitigkeiten über persönliche Themen, die mit der Arbeit nichts zu tun haben. Sie ziehen Energie von der Arbeit ab. Bei Aufgabenkonflikten sind sich die Parteien uneinig über arbeitsbezogenen Fragen. Und als Prozesskonflikte gelten Differenzen bezüglich Zuständigkeiten und Verteilung von Ressourcen. Lange Zeit galt es als ausgemacht, dass Beziehungskonflikte der Gruppenleistung abträglich, Aufgabenkonflikte dagegen leistungsförderlich sind. Wer sich über die Aufgaben auseinandersetzt, so die Annahme, durchdringt diese besonders gründlich. Unterschiedliche Meinungen kommen der Qualität der Aufgabenlösung zugute. Neuere Untersuchungen stellen diese Auffassung infrage. Auch Aufgabenkonflikte, so die Forscher nun übereinstimmend, schaden der Teamarbeit (vgl. Ilgen et al. 2005; zusammenfassend Edding 2009a).

Dass Beziehungskonflikte negative Auswirkungen haben, scheint gesichert. Sie führen zu verringertem Engagement, geringerer Leistung, höherer Abwesenheit und geringerer Arbeitszufriedenheit. Auch die aus Prozesskonflikten sich ergebenden Spannungen haben geringere Arbeitszufriedenheit zur Folge.

3.4 Das unsolidarische Team

Manchmal führen Umwelteinflüsse dazu, dass die Ordnung eines Teams zerfällt. Die Bindungskraft des kleinen sozialen Systems schwindet, das Gefühl der Zugehörigkeit nimmt ab. Bislang gültige Normen scheinen außer Kraft gesetzt. Probleme, die bisher leicht zu lösen waren, scheinen unüberwindlich. Der folgende Fall zeigt, wie so ein Prozess aussehen kann und welche Handlungsoptionen denkbar sind.

A) Situationsbeschreibung

Der kleine Verein bietet für Familien in schwierigen Situationen eine ganze Palette von Unterstützungsmaßnahmen an, es gibt Schularbeitenbetreuung, gemeinsame Spielnachmittage, aber auch Familienbesuche und Elterngespräche. Der Verein – und auch das infrage stehende Team – besteht schon seit einigen Jahren. Die Mitgliedschaft im Team ist stabil. Die Vorgesetzte ist aufmerksam und sorgsam im Umgang mit ihren Mitarbeitern. Aber das Team, bestehend aus drei Erzieherinnen und zwei Familienhelfern, hat sich verändert – darin sind sich alle einig. Früher war es nie ein Problem, jemanden zu finden, der bereit war einzuspringen, wenn eine Kollegin oder ein Kollege wegen Krankheit oder aus anderen Gründen ausfiel. Doch das ist vor einiger Zeit ein Problem geworden. Eine Lösung muss in jedem Fall gefunden werden, aber die Diskussionen darüber dauern immer länger und ruinieren die Atmosphäre.

Über diejenigen, die ausfallen, wird in ihrer Abwesenheit unfreundlich, ja feindselig gesprochen, und am Ende geben die mit den schwächsten Nerven nach und übernehmen die Arbeit.

Auf der Suche danach, was früher anders war, wird deutlich: Im Laufe der letzten Jahre ist die Arbeit anstrengender und belastender geworden. Wegen der wirtschaftlichen Entwicklung sorgen sich viele der betreuten Familien um ihre Existenz. Die Probleme, mit denen die Teammitglieder zu tun haben, sind daher komplexer und existenzieller geworden, die Tätigkeit ist belastender und anspruchsvoller – und ihr Ausmaß hat deutlich zugenommen. Die Teammitglieder erleben oft, wie wenig sie bewirken können. Alle fühlen sich unter Druck.

Die zweite große Veränderung betrifft die Bezahlung.

Der Geldgeber des Vereins – die Stadtverwaltung – hat die Finanzierung der einzelnen Stellen neu geregelt. Es werden keine Pauschalen mehr gezahlt, sondern das Geld wird »pro Kind« gegeben. Wenn jemand also vier Kinder betreut, dann zählen nur solche Tätigkeiten zu seiner bezahlten Arbeit, die direkt auf eines dieser Kinder gerichtet ist. Andere, insbesondere Gemeinschaftsaufgaben oder gemeinschaftliche Projekte wie z. B. Theaterspiele werden nur angerechnet, wenn eines der Kinder beteiligt ist. Dadurch werden manche Vorhaben plötzlich zur Freizeitbeschäftigung der Mitarbeiter. Und da die Mitarbeiter nicht unbezahlt arbeiten möchten, fallen viele gemeinsame Aktionen flach. So war zum Beispiel für die nächsten Monate ein Zirkusprojekt geplant, an dem viele Kinder und die meisten Mitarbeiter sich beteiligen sollten und wollten. Es ist nun gefährdet, da einige nicht mitmachen werden: Kein von ihnen betreutes Kind ist beteiligt, und das hieße für sie, sie müssten ehrenamtlich tätig sein.

Die veränderten Finanzierungsbedingungen erschweren gemeinsame Projekte. Das Thema: »Wer arbeitet eigentlich wie viel, und was wird angerechnet?«, ist durch diese Neuerungen immer präsent, wird aber nicht offen diskutiert.

B) Folien des Verstehens

Für Verstehen und Interventionsrichtung ist es wichtig daran zu denken, dass das Team einmal solidarisch war und dass Verhandlungen bei Ausfällen bisher immer zufriedenstellende Ergebnisse hatten, aber nun nicht mehr gelingen. Die Schwierigkeiten sind ein Symptom. Aber wofür? Etwas hat sich verändert – aber in welchem Bereich und auf welcher Ebene sind die Veränderungen zu suchen? Es gibt verschiedene Möglichkeiten: Naheliegend ist es, nach Konflikten und Spannungen im Team zu suchen – das ist die erste Folie. Vielleicht sind es aber auch Prozesse, die durch die veränderten Rahmenbedingungen angestoßen wurden – die zweite Folie. Und schließlich kann die Verweigerung auch an inneren Mängeln des kleinen sozialen Systems liegen. Darum geht es bei der dritten Folie.

Folie 1: Beziehungskonflikte im Team: Wer nutzt hier wen aus?

Wenn Herr X. sich weigert, Frau Y. zu unterstützen, dann liegt der Grund möglicherweise in der Beziehung zwischen den beiden. Und wenn keiner aus dem Team bereit ist, für Frau Y. einzuspringen, muss man sich fragen: Was läuft da zwischen Frau Y. und dem Rest? In unserem Fall ist es vor allem eine Mitarbeiterin, Frau P., die immer wieder ausfällt. Ihre Projekte und die Kinder, die sie betreut, müssen dann von anderen übernommen werden. Zunächst haben die Kolleginnen zusätzliche Arbeiten einigermaßen bereitwillig mit erledigt. Aber allmählich finden sie, dass die kranke Kollegin zu oft krank ist. Es scheint, als mache sie sich nur das Leben leicht – auf Kosten anderer.

Hinzu kommt, dass die betreffende Kollegin das Einspringen der anderen offenbar selbstverständlich findet. Sie bedankt sich nicht, und sie erklärt auch nicht, was ihr eigentlich fehlt und wie es in Zukunft mit ihr weitergehen wird. Natürlich ist sie dazu nicht verpflichtet – aber diese Haltung führt dazu, dass die anderen sich ausgenutzt fühlen. Hinter den Kulissen steigt der Unwille.

Aus der Forschung über das Helfen weiß man, dass in jedem Team ein Konto gegenseitiger Hilfeleistungen geführt wird: Wer tut wann was für wen? Die Kontoführung ist recht penibel, es wird genau registriert, ob Entgegenkommen und Hilfsbereitschaft ausgenutzt werden. Auf Dauer führen unausgeglichene Konten zu Spannungen und zur Verweigerung von Unterstützung.

Folie 2: Das Team zerfällt. Welche Krankheit steckt hinter dem Symptom?

Zweifellos ist das Verhalten der häufig fehlenden Mitarbeiterin für die Teamsituation von Bedeutung. Verschärfend wirken einige äußere Veränderungen, die das ganze Team betreffen. In vielen Organisationen und Einrichtungen findet sich folgender Widerspruch: Einerseits werden die Vorteile der Teamarbeit beschworen – gleichzeitig bewirken aber die Rahmenbedingungen eher einen Zerfall der Teams. Das Gefühl der Zugehörigkeit, die innere Bindung an die Gruppe, nimmt ab. Für dieses innere Auseinanderrücken der Teammitglieder gibt es kleine Anzeichen. Eines ist, wie in unserem Beispiel, der Hinweis darauf, dass es früher anders, besser war. Andere sind:

- Die Teammitglieder helfen einander nicht.
- Die tatsächliche Zusammenarbeit, zum Beispiel in Projekten, hat abgenommen.
- Es gibt keinen Ort, an dem die Teammitglieder sich treffen können, oder der Ort ist unwirtlich.
- Keiner übernimmt kleine Gemeinschaftsaufgaben wie z. B. rudimentäre Versorgung bei Teambesprechungen.
- Es besteht Einigkeit darin, dass das Team für die je eigene Arbeit nicht wichtig sei.

Solche Symptome in einem Team, das früher gut kooperiert und dessen Zusammensetzung sich nicht geändert hat, sind ein Produkt der Teamumwelt. Wenn wir uns fragen: »Wie stützt der Organisationskontext die Teamarbeit, wie behindert er sie?«, dann finden wir in unserem Fall zwei mächtige Wirkfaktoren, die beide in Richtung Behinderung der Teamarbeit zielen: Zum einen macht die veränderte Finanzierung Zusammenarbeit unattraktiver; zum anderen erhöht die schwieriger und frustrierender gewordene Arbeit den Druck und damit die Vereinzelung. Stress und Frust führen in unserer Kultur nicht dazu, sich gegenseitig im Team zu stützen und sich an Kollegen anzulehnen, sondern zum Auseinanderrücken. Jeder sieht zu, dass er, so gut es geht, mit der Situation fertig wird.

Folie 3: Verfahrensregeln engen zwar ein, entlasten aber auch
Die Situation, die dem Team Probleme macht, wiederholt sich. Offenbar fallen Teammitglieder ab und zu aus, und offenbar muss jedes Mal im Team diskutiert werden, wer nun einspringt. Es gibt keine Verfahrensregel zum Umgang mit diesem Thema, immer wieder neu steigen alle in einen Aushandlungsprozess ein. Das Teammitglied mit den schwächsten Nerven »opfert« sich schließlich. Es scheint, als reiche unter den veränderten Bedingungen die bestehende Ordnung an dieser Stelle nicht aus. Dieser Mangel an Regelung ist für alle Beteiligten kein Freiheitsgewinn, sondern anstrengend, zeitraubend und für die Beziehungen belastend. Er

trägt dazu bei, dass Teamsitzungen als eher unangenehm erlebt werden.

Viele Initiativen und Projekte beginnen mit einem geringen Formalisierungsgrad. Es gibt kaum Arbeitsteilung, die Leitung ist informell und sehr kollegial, Verfahrensregeln scheinen nicht notwendig. Die Beteiligten erleben dies zunächst als Vorteil. Wenn aber das Team wächst, werden die ständigen Aushandlungsprozesse anstrengend und zeitraubend. Oder wenn, wie in unserem Fall, sich der Zusammenhalt aufgrund äußerer Einflüsse lockert, führt der Mangel an Regelung zur Belastung der Beziehungen und trägt dazu bei, den Zusammenhalt weiter zu schwächen.

C) Bewertung und Entscheidung

In diesem Fall sind alle drei Verstehenszugänge von Bedeutung. Vom Team wird das Beziehungsthema angeboten: Wenn Frau P. das Entgegenkommen der anderen nicht so ausnutzen würde, dann wären alle eher bereit, Extraarbeit zu übernehmen. Aber die Konzentration auf diesen Konflikt greift zu kurz.

Ausschlaggebend scheint der schwindende Zusammenhalt des Teams. Unter dem Druck äußerer Veränderungen hat ein Prozess der Vereinzelung eingesetzt, der die Ordnung des Teams grundsätzlich infrage stellt. Wenn sich keiner mehr zugehörig fühlt – gibt es dann überhaupt noch ein Team?

Angesichts eines schleichenden Zerfallsprozesses, in dem die Einzelnen das Team immer weniger als einen guten Ort erleben, wäre es nur eine Symptombehandlung, an der Beziehung zu Frau Y. zu arbeiten. Ziel einer Intervention ist vielmehr, die Bindung an das Team und die Identifikation mit ihm zu stärken. Eine zusätzliche Entlastung ist die formelle Regelung des Umgangs mit Ausfällen.

D) Handlungsoptionen

Für die Leitung: Zunächst zeigt sich das Symptom, und die Vermutung liegt nahe, es handele sich um eine persönliche Spannung. Die Leiterin wird versuchen, das Symptom und die möglichen Ursachen besprechbar zu machen. Wenn allerdings das Auseinanderrücken der Teammitglieder schon deutlich fortgeschritten ist, wird ein Gespräch wenig bringen, weil die Bereitschaft, in das

Team zu investieren, gering ist. Nicht jede Leiterin wird dies entdecken, denn dazu bedarf es eines Gruppenkonzeptes. Nur wenn sie das Team als Ganzes anschaut, wird sie bemerken, dass zunächst der Zusammenhalt gestärkt werden muss. Das kann durch alle Maßnahmen geschehen, die das Teamtreffen zu einem angenehmen Ereignis machen und die das Team für die Einzelnen wichtiger machen. Solche Maßnahmen können sein:

- Der Ort der Teamtreffen ist angenehm.
- Teammitglieder und/oder Leitung organisieren eine Grundversorgung, z. B. Kaffee und Wasser.
- Die Teamtreffen finden regelmäßig statt und sind verbindlich.
- Es sind keine reinen Informationstreffen, bei denen nur die Leitung und einzelne Berichtserstatter sprechen, sondern es wird auch diskutiert.
- Die Teammitglieder erleben, dass sie sich gegenseitig helfen können.
- Die Teammitglieder stehen im Wettbewerb mit anderen Teams.

Ist der Zusammenhalt gestärkt, können reflexive und selbstreflexive Themen mit größerer Aussicht auf Erfolg besprochen werden. Dazu gehören einerseits die teaminternen Spannungen und die Unzufriedenheit mit dem Verhalten einzelner Teammitglieder. Dazu gehört aber auch die Frage, wie sich die Arbeit und ihre Bedingungen verändert haben, welche Einflussmöglichkeiten die Leiterin sieht und wie die Zukunft aussehen könnte.

Zusätzlich kann die Leitung – möglicherweise gemeinsam mit den Mitarbeitern – eine Regelung entwickeln, die greift, wenn Personen ausfallen.

Für die Beraterin: Voraussetzung dafür, dass die Leiterin den Zusammenhalt der Gruppe stärken kann, ist ein Gruppenkonzept. Sie muss in der Lage sein, nicht nur das Verhalten Einzelner zu sehen, sondern auch in einer Zusammenschau das Gesamtbild, das ihr Team zurzeit abgibt. Nur dann kann sie mit der Vorstellung größeren oder geringeren Zusammenhalts überhaupt etwas anfangen. Die Beratung hilft ihr, nicht nur Einzelne, sondern das Team zu sehen. Beispielhaft kann die Beraterin zunächst daran arbeiten, die Teamberatung zu einem angenehmen Ort zu machen: feste Zeiten, verbindliche Teilnahme, ein wohnlicher Raum, Grundversorgung mit Getränken. So wird die Leiterin Maßnahmen, die das Wir-Gefühl stärken, am eigenen Leibe erleben. Die Beraterin kann außerdem sichern, dass Beziehungsklärungen und selbstreflexive Prozesse zunächst hintangestellt werden. Sie wird vielmehr dafür sorgen, dass die Gespräche im Team nach vorn gerichtet sind und dass die Teammitglieder gute Erfahrungen miteinander machen. Sie kann zum Beispiel anregen, dass ein Teammitglied ein anderes bei einem schwierigen Amtsgang begleitet. Ziel ist, vor aller Reflexion über die Schwierigkeiten und ihre Ursachen das Team mental wieder positiv zu besetzen, damit die Mitarbeiter überhaupt Lust haben, sich damit zu befassen. Erst wenn sich ein gewisses Maß an neuer Identifikation mit dem Team entwickelt hat, kann die Beraterin anregen, das schwierige Thema der gegenseitigen Unterstützung bzw. Ausnutzung anzupacken. Die Beratungssituation bietet dazu einen geschützten Raum, der das Gespräch über diesen heiklen Punkt ermöglicht und zugleich begrenzt.

Für die Teammitglieder: Können denn die Mitarbeiter auch etwas tun? Ja, sie können von der Vorgesetzten eine Vertretungsregelung einfordern, und sie können prüfen, welche gemeinsamen Projekte trotz der neuen Finanzierungsregelung möglich sind.

E) Modellbezug
Regeln und Normen

In jedem Team gibt es explizite, vorgegebene Regeln für die Zusammenarbeit – und es gibt Normen, Gebote und Verbote, die das Verhalten bestimmen, ohne dass sie ausdrücklich vereinbart wurden. Regeln und Normen bezeichnen Verhaltenserwartungen, die für alle gelten sollen. Sie sichern das Gemeinsame.

Die unausgesprochenen Normen stehen nicht selten im Widerspruch zu den offiziellen Regeln (Beispiel: Regel bzw. Leitlinie: Was uns stört, sprechen wir direkt und zeitnah an! Norm: Kritisiere niemanden direkt! Sage nichts, was andere verletzen könnte!). Die Normen eines Teams und damit die dort geltenden Denk- und Verhaltensweisen können in Einklang mit der umgebenden Organisation stehen oder aber das Team als eine Art Subkultur davon abgrenzen. Ihre Wirksamkeit merkt man besonders dann, wenn man sie verletzt, dann wird deutlich, was man am besten nicht gesagt oder getan hätte.

In unserem Fallbeispiel herrscht die Norm: Wir unterstützen uns gegenseitig – es ist daher kein Problem, Vertretungsfragen zu lösen. Diese Norm funktioniert aber nicht mehr, denn der Zusammenhalt des Teams wird durch äußere Einflüsse unterminiert. Damit das Gemeinsame gesichert werden kann, bedarf es daher einer Regelung, denn die langen Verhandlungen kosten Zeit und Kraft und strapazieren die Beziehungen.

In unserem Modell unterscheiden wir das Stabilisierende und das Dynamische. Durch Einwirkungen der Umwelt ist das Verhältnis dieser beiden Kräfte aus dem Gleichgewicht geraten. Es bedarf stabilisierender Maßnahmen, also zum Beispiel der Einführung einer neuen offiziellen Regel, damit die Arbeitsfähigkeit des Teams gewährleistet wird.

F) Forschungsergebnisse
Wann helfen wir einander?
Bei empirischen Untersuchungen zur Frage »Wann helfen wir einander?« lassen sich grob zwei Forschungsstränge unterscheiden.

Zum einen gibt es Arbeiten, die durch den Aufbau von teamorientierten, dezentralen Organisationen angeregt wurden. Das Funktionieren solcher Organisationen hängt davon ab, dass Teammitglieder unaufgefordert einspringen, wenn nötig. Diese Forschungen schauen auf das Individuum: Wer hilft wem? Welche Persönlichkeitsmerkmale müssen vorhanden sein, oder welches Verhalten muss gezeigt werden, damit jemand hilft bzw. jemandem geholfen wird?

Einige Ergebnisse:

- Gewissenhaftigkeit, Extraversion und emotionale Stabilität kennzeichnen die Personen in Teams, deren Mitglieder einander besonders unterstützen.
- Beim Vergleich verschiedener »Ziviltugenden« in Organisationen (*organizational citizenship*) war das Ausmaß, in dem anderen Teammitgliedern geholfen wurde, die einzige Variable, für die eine Verbindung zu Qualität und Umfang der Teamleistung nachgewiesen werden konnte.
- Hilfesuchende dürfen ihr Konto nicht überziehen, sonst wird die Hilfe verweigert.

- Die Teammitglieder können sehr wohl unterscheiden zwischen einem legitimen Hilferuf, wenn z. B. jemand die Arbeit nicht schafft, und Trägheit, wenn jemand z. B. keine Lust hat, sich anzustrengen.

Der andere Forschungsstrang schaut auf die Gruppenzugehörigkeit und die Situation, in der das Helfen stattfindet. Hier interessieren vor allem Fragen wie: Wie muss eine soziale Situation beschaffen sein, damit wir überhaupt einander helfen (anstatt zuzuschauen)? Unter welchen Bedingungen helfen wir auch Menschen, die nicht Mitglied unserer Gruppe sind?

Für unseren Fall interessant ist die Bedeutung der Zugehörigkeit für die Hilfsbereitschaft. Wir helfen anderen, wenn sie zu »unserer Gruppe« gehören oder wenn das Helfen zu den Normen unserer Gruppe gehört. Wir helfen Mitgliedern der eigenen Gruppe bereitwilliger als »Fremden«. Und die Hilfsbereitschaft lässt sich beeinflussen, indem eine Kategorie der Zugehörigkeit gewählt wird, in der wir selbst und die »anderen« plötzlich der gleichen Gruppe angehören, wenn es also statt »Team X« und »Team Y« heißt: »Wir alle von der Firma Z« (ausführlich bei Stürmer a. Snyder 2009; zusammenfassend Edding 2013).

3.5 Die Leiterin, die nicht leitet

Bei Schwierigkeiten in Teams wird als Verantwortlicher schnell der jeweilige Leiter ausgemacht. Auch in diesem Fall fällt es sofort auf: Die Leiterin leitet nicht, sie füllt ihre Funktion nicht aus und enttäuscht viele in ihrem Team. Aber liegt es nur an ihr? Warum übernehmen die anderen keine Leitungsaufgaben?

A) Situationsbeschreibung

Frau S. ist Mitte 50, Diplompsychologin und Psychotherapeutin und arbeitet mit 30 Stunden pro Woche in der Beratungsstelle eines Wohlfahrtverbandes. Sie ist die Leiterin eines Teams, dem ein Diplompsychologe in ihrem Alter, zwei jüngere Psychologinnen und drei Sozialarbeiterinnen (35–45 Jahre) angehören. Alle arbeiten zwischen 15 und 25 Stunden in Teilzeit. Frau S. ist mit dem Kollegen mit 15 Jahren Zugehörigkeit die Dienstälteste. Die anderen gehören dem Team zwischen einem und acht Jahren an, manche haben ihre Arbeitsphasen jeweils durch Erziehungszeiten unterbrochen. Etwa einmal im Jahr kommt es zu einer personellen Veränderung im Team.

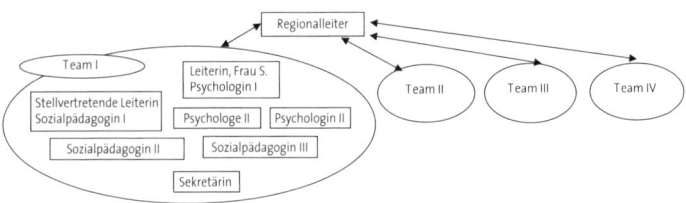

Abb. 7: Organigramm Beratungsstelle

Das Team beschloss eine Teamsupervision (s. Abschn. 4.6) zu nehmen, weil sich der Konflikt zwischen der Leiterin und einer Psychologin sowie der stellvertretenden Leiterin verschärft hatte. Vor allem diese beiden Letzteren waren unzufrieden mit der Art der Leitung: Ihrer Meinung nach wurde das Team nicht gut nach außen vertreten und zu wenig vor neuen Anforderungen geschützt. Diese Aufgaben (neue Statistik, mehr Öffentlichkeitsarbeit, präventive Arbeit mit bestimmten Zielgruppen) führten zu zusätzlichen Belastungen neben der laufenden Beratungsarbeit.

Der Konflikt entzündete sich vor allem an der vorgeschriebenen Einführung eines Verfahrens zur Qualitätssicherung, bei dem die Arbeitsweise der Beratungsstelle in Schlüsselprozessen genau beschrieben werden sollte. Frau S. hielt das für eine völlig unnötige, bürokratische Vorgehensweise und sträubte sich lange gegen eine Teilnahme. Erst als kein Ausweg mehr blieb – der staatliche Auftraggeber verlangte ein solches Verfahren als Grundlage für die Finanzierung –, arbeiteten Einzelne aus dem Team an dem Prozess mit.

In den ersten Sitzungen der Teamsupervision wurden weitere Hintergründe des Konflikts und der Teamsituation deutlich:

1) In den letzten zwei bis drei Jahren hatten sich Umwelt und Aufgabenstellung der Beratungsstelle als Teil der gesetzlichen kommunalen Jugendhilfe stark verändert. Die Auftraggeber er-

warteten auf einmal neue Leistungen und Angebote, die über die klassischen Beratungs- und Therapieangebote hinausgingen. Der Veränderungsdruck von außen und die Konkurrenz zu anderen Diensten waren gewachsen und damit der Zwang, die Wirkung der eigenen Arbeit transparent zu machen.

2) Die jüngeren, neuen Kolleginnen und Kollegen brachten andere Vorstellungen von Teamarbeit mit als die beiden Gründungsmitglieder. Sie wollten nicht mehr alles im Team besprechen. Von der Leiterin erwarteten sie, dass sie nur die Fragen einbringt, die für alle von Bedeutung sind. Demgegenüber waren es die Gründungsmitglieder gewohnt, viel Zeit im Team zu verbringen. Sie trauerten den alten Zeiten nach, als es noch zum Alltag gehörte, mittags zusammen das zu essen, was eine für alle gekocht hatte. In dieser Zeit wurde neben dem Arbeitsbezogenen viel Privates und Persönliches im Team besprochen. Die Rolle der Leiterin betrachtete man als Formalität, die nur nach außen hin eine Bedeutung hatte. Frau S. wurde damals von den Kollegen als Dienstälteste dafür ausgewählt. Sie betrachtete es von Anfang an nicht als ihre Aufgabe, das Team zu leiten, sondern die Entscheidungen sollten weiterhin unter Gleichberechtigten nach gemeinsamer Meinungsbildung getroffen werden. Sie brachte alle Fragen, ob sie nun die Räume, das Personal, die Ausstattung, die Arbeitszeiten oder Urlaubspläne anbetrafen, zur Beratung und Entscheidung in das Team ein. Ebenso war es mit Informationen: Sie filterte nicht aus, was für wen interessant sein konnte, sondern gab alles einfach weiter. Auch klagte sie ausführlich über die gesteigerten »bürokratischen« Anforderungen und die fachliche Ahnungslosigkeit des Regionalleiters. Die Folge war, dass die Teamsitzungen von diesen institutionellen Fragen und von strategischen Überlegungen, wie man mit dem Vorgesetzten umzugehen hätte, weitgehend ausgefüllt waren. Fachliche Fragen traten immer weiter in den Hintergrund.

Für Frau S. waren der Entscheidungsspielraum und der demokratische Stil im Team wichtig. Die Mitarbeiter sollten nicht unter Druck gesetzt werden; sie sollten ihre Arbeit möglichst autonom gestalten können. Diese Freiräume für das Team und die Einzelnen wollte sie vor dem Zugriff des Leiters der Region schützen.

Die Unzufriedenheit mit der Leiterin bezog sich jedoch nicht auf ihre fachliche Kompetenz. Sie war als erfahrene und professionelle Psychologin und Therapeutin eine gesuchte Gesprächspartnerin, wenn die Kollegen schwierige, komplexe Fälle reflektieren wollten. Dazu nahm sie sich auch außerhalb der Teambesprechungen viel Zeit.

Die Sozialarbeiterin, die die Stellvertretung der Leiterin übernommen hatte, achtete dagegen mehr auf klare Zuständigkeiten und die Verbindlichkeit von Vereinbarungen. Sie wurde darin nur teilweise von den anderen unterstützt und geriet daher immer wieder in eine Position am Rand des Teams.

B) Folien des Verstehens
Folie 1: Der Blick auf die Leiterin: Welche Defizite hat sie?
Frau S. ist als Psychologin und Psychotherapeutin eine gute und engagierte Fachkraft, die im Team deswegen besonders anerkannt und geschätzt wurde. Es lag nahe, sie als die Dienstälteste zur Teamleiterin zu machen. Lange Zeit fehlte keine Führungskraft im Team, denn man war es gewohnt, ohne formale Leitung auszukommen. Mit den zunehmenden Anforderungen von außen und den Erwartungen der jüngeren Kollegen stieg der Bedarf an leitenden Tätigkeiten, und das Fehlen von Führung wurde deutlich. Frau S. setzte keine Ziele, strukturierte die gemeinsame Arbeit zu wenig und hat somit keinen verlässlichen Rahmen für das Team geschaffen. Den fachlichen Teil der Führung hingegen, die Beratung und Anleitung der Kollegen, füllte sie aus. Sie führte ihre Mitarbeiter als besonders qualifizierte Fachkraft und verhielt sich ihnen gegenüber mehr wie eine Beraterin und Therapeutin.

Ihre fachliche Kompetenz einerseits und die offensichtliche Inkompetenz als Teammanagerin andererseits führten zu einer ambivalenten Haltung der Teammitglieder ihr gegenüber. Hätte sie nicht über die anerkannte fachliche Seite verfügt, wäre sie wohl als Leiterin gänzlich abgelehnt worden, so aber waren alle zwischen Kritik und Bewunderung hin und her gerissen.

Eigentlich hätte auch ihr Vorgesetzter ihre Defizite als Führungskraft erkennen müssen. Er hätte ihr z. B. Fortbildung oder unterstützende Beratung anbieten können, um ihr den Wechsel von der Fachkraft zur Führungskraft zu ermöglichen.

Folie 2: Die Geschichte des Teams: Wie wirkt sie?
In der mehr als zehn Jahre zurückliegenden Gründungsphase des Teams wurden gemeinschaftliche Strukturen und Verhaltensweisen eingeführt und praktiziert. Man arbeitete nicht nur zusammen, sondern man lebte teilweise auch zusammen, und die Grenzen zwischen Arbeit und Freizeit waren fließend. Die langen Teamsitzungen und das Konsensprinzip bei allen Entscheidungen, die Ablehnung einer formalen Leitungsrolle, die Rücksicht auf die persönliche Situation der Einzelnen z. B. bei der Gestaltung der Arbeitszeit haben sich in dieser Zeit entwickelt und als zentraler Teil der Gruppenkultur und des Selbstbildes der Gruppe etabliert. Wer neu dazukam, hatte sich (zumindest zunächst) über den persönlichen, freundlichen und rücksichtsvollen Umgang miteinander gefreut und fügte sich gerne in diese tradierte Ordnung ein.

Die neuen Mitarbeiter mit anderen Vorstellungen von Teamarbeit und der wachsende Druck von außen stellten nicht nur das Verhalten der Leiterin, sondern die ganze Teamkultur und ihre zentralen Normen infrage. Selbst einfache und oberflächliche Veränderungen, wie die Einführung einer verbindlichen Tagesordnung und einer Sitzungsleitung, die dauerhafte Verteilung von Aufgaben und Zuständigkeiten, wurden von den »Alten« als Verrat an den zentralen Werten der Teamkultur erlebt: den Werten der Gleichberechtigung, der Entscheidungsfindung im Konsens sowie der möglichst weitgehenden Autonomie der Einzelnen bei der Gestaltung der Arbeit.

So betrachtet bewahrten und verteidigten die Leiterin und ihr Kollege das Selbstverständnis des Teams und sorgten auf diese Weise für Sicherheit, Orientierung und Kontinuität in der Zusammenarbeit

C) Bewertung und Entscheidung
Beide Perspektiven sind von Bedeutung und eröffnen spezifische Verstehens- und Handlungsmöglichkeiten. Die erste Folie ist die Verstehensweise, die sich unmittelbar aufdrängt, weil die Defizite von Frau S. so offen zutage traten. Frau S. ignorierte ihre Leitungsaufgaben auf eine Weise, die fast provozierend wirkte. Ein so geleitetes Team kann nicht erfolgreich zusammenarbeiten.

Dieser ersten personalisierenden Sichtweise ist aus gruppendynamischer und systemischer Sicht mit einem gewissen Misstrauen zu begegnen. Naheliegende, aber oft oberflächliche Analysen, die nur auf die Personen und ihre Verhaltensweisen schauen, berücksichtigen die spezielle Ordnung eines Teams nicht. So ist es auch hier. Mithilfe der zweiten Folie bekommt das Verhalten der Leiterin einen Sinn. In die tradierte egalitäre Kultur des Teams passte ihre fachliche Autorität, aber keine Form der Leitung, die den hierarchischen Unterschied betont. Die zweite Folie erscheint als die umfassendere Perspektive, die allerdings eine tiefer gehende Untersuchung des Teams voraussetzt. Im konkreten Beispiel ist sie erst im Laufe der Teamsupervision entstanden.

D) Handlungsoptionen

Für die Teammitglieder: Die Teammitglieder haben in diesem Fall genau das Richtige getan: Sie brachten ihre Unzufriedenheit und ihre Kritik an der Situation und an der Leiterin zum Ausdruck. Sie tauschten sich nicht nur informell unter gleichgesinnten Kollegen über ihre Unzufriedenheit aus, sondern setzten das Thema auf die Tagesordnung einer Teambesprechung. Erst dadurch wurde das Problem besprechbar und bearbeitbar. Wahrscheinlich sind viele informelle Gespräche unter einzelnen Teammitgliedern vorangegangen, bis sie sich entschlossen und den Mut fassten, die Leiterin direkt zu konfrontieren. Sie machten gleichzeitig den Vorschlag, zur Bearbeitung des Problems eine Teamsupervision zu beginnen, und schufen damit einen Rahmen, in dem das Team einschließlich der Leiterin mithilfe eines neutralen Dritten den Konflikt untersuchen und bearbeiten konnte.

Für die Leiterin: Die Leiterin hat zunächst (nur) auf die Kritik reagiert. Sie war von ihrer Heftigkeit überrascht, weil sie dachte, ihre auf Konsens und Gleichberechtigung gerichtete Haltung sei im Sinne aller. Sie war überzeugt gewesen, dass alle ihre Unzufriedenheit mit den neuen Anforderungen und dem Regionalleiter teilten.

Indem sie sich entschied, einer Supervision zuzustimmen und sich für ihre Finanzierung einzusetzen, hat sie dem Team einen erweiterten »thematischen Raum« zur Verfügung gestellt, in dem die Themen besprochen werden konnten, die im normalen Teamgespräch ausgeschlossen waren. Dort konnte sie sich der Auseinandersetzung stellen und ihre Rolle thematisieren, ohne selbst für den passenden Rahmen und den Gesprächsverlauf sorgen zu müssen. Sie erwartete vom Supervisor, dass er sie unterstützen und vor Angriffen schützen würde.

Zu Beginn der Supervision hatte sie allerdings den Eindruck, dass immer nur auf ihr »herumgehackt« und sie vom Supervisor zu wenig verstanden und verteidigt werde.

Für den Berater: Für den Berater war es zunächst verführerisch, sich den Kritikern der Leiterin anzuschließen und von ihr die Lösung des Konflikts und der Probleme zu verlangen. Es stand die Frage im Raum: Lohnte es sich überhaupt, das Team zu beraten, brauchte nicht vielmehr die Leiterin Unterstützung bei der Erfüllung ihrer Aufgaben? Oder brauchte das Team eine neue Leitung? Erst mit der fortlaufenden Beratung, in der sichtbar wurde, dass die anderen Teammitglieder ebenso wenig bereit waren, Verantwortung und Leitung zu übernehmen, wurde ihm klar, dass es sich um ein eingespieltes Muster des Teams handelte. Eine wichtige Intervention war, die Traditionen und Normen des Teams zu untersuchen. »Niemand darf über einen anderen bestimmen – alle Entscheidungen werden im Konsens getroffen«, so lautete die zentrale Norm, die niemand brechen wollte und durfte, die zugleich aber zur Überlastung des Teams führte. Sobald die Wirkung der tradierten Normen in der Gegenwart sichtbar wurde, konnten sie auch modifiziert werden.

E) Modellbezug
Leitung erster und zweiter Ordnung
Unter Leitung im Team verstehen wir alle bewussten Aktivitäten, die Teamarbeit so zu beeinflussen und zu gestalten, dass die verschiedenen Ziele nach außen und innen sowie zum Systemerhalt erreicht werden. Man kann auch sagen: Leitung in Teams bedeutet das Herstellen von Gemeinsamkeiten zum Erreichen von Zielen. Nach diesem Verständnis brauchen Teams in jedem Fall Leitung, aber nicht unbedingt einen Leiter oder eine Leiterin. Leitung kann von verschiedenen Teammitgliedern übernommen und nicht nur von einer Position aus wahrgenommen werden.

Um in die Vielfalt aller möglichen Leitungsaktivitäten Übersicht und Ordnung zu bringen, unterscheiden wir zwischen der Leitung erster Ordnung und der Leitung zweiter Ordnung.

Mit der Leitung erster Ordnung sind alle Aktivitäten gemeint, die dafür sorgen, dass die konkreten Aufgaben eines Teams erledigt werden. Leitung erster Ordnung sorgt dafür, dass das Produkt, die Dienstleistung etc. erstellt wird. Sie bezieht sich auf das operative Geschehen in einem Team, auf das Was der Teamarbeit. Die Leitungsaktivitäten erster Ordnung sind stark von der Art der Aufgabe des Teams abhängig und mit dem jeweiligen Fachwissen verbunden.

Leitung erster Ordnung klärt Fragen wie:

- Was ist zu tun?
- Wer macht was?
- Bis wann?
- Mit wem?
- In welcher Qualität?
- Mit welchem Ergebnis?
- Zu welcher Zufriedenheit der Kunden, Klienten, Kooperationspartner?

Mit der Leitung zweiter Ordnung sind alle Aktivitäten gemeint, die sich darauf beziehen, die Bedingungen zu schaffen, die es ermöglichen, die Aufgaben zu erledigen. Die Leitung zweiter Ordnung bezieht sich auf das Wie der Teamarbeit. Hier geht darum, die zu den Aufgaben und den Menschen passenden Rahmenbedingungen zu schaffen, die Zusammenarbeit zu gestalten und das Team zu pflegen.

Leitung zweiter Ordnung sorgt für:

- ausreichende zeitliche, personelle, und materielle Ressourcen
- die Anpassung und Entwicklung des Teams hinsichtlich der sich verändernden Aufgaben und Anforderungen
- gegenseitige Unterstützung
- fachlichen Austausch und kollegiale Beratung
- effektive und verbindliche Teambesprechungen
- regelmäßige Planung

- verbindliche Entscheidungen
- regelmäßige Reflexion der Arbeitsergebnisse und der Qualität der Zusammenarbeit
- das Benennen und Bearbeiten von Konflikten und Problemen
- Feedback für die einzelnen Teammitglieder zu ihrer Leistung und ihrer Rolle im Team
- die Auswahl, die Aufnahme und Einarbeitung neuer Teammitglieder
- die Möglichkeit zur Beteiligung der Einzelnen
- das Einbringen und Berücksichtigen von Meinungen, die von der Mehrheit abweichen.

Zum Verständnis von Teamproblemen sollte untersucht werden, ob und wie die verschiedenen Leitungsaufgaben ausgefüllt werden. Oft sind es – wie das Beispiel zeigt – die Funktionen der Leitung zweiter Ordnung, die zu kurz kommen. Gerade Teams mit komplexen und offenen Aufgaben sind darauf angewiesen, dass nicht nur auf der ersten Ebene geleitet wird.

Wer Leitungsaufgaben zweiter Ordnung übernehmen will, der braucht ein Modell von Teamarbeit, mit dem er den aktuellen Zustand seines Teams vergleichen kann. So kann er Ideen entwickeln, wohin die gemeinsame Teamreise gehen soll, und kann von der Vergangenheit und der aktuellen Situation Abstand nehmen und ein neues »Leitbild« entwerfen.

3.6 Wachstumsschmerzen oder: Die Saboteurin

Die Notwendigkeit, zu wachsen und sich außerdem auf eine veränderte Umwelt neu auszurichten, betrifft viele Teams. Neue Leitungsaufgaben entstehen. Das Bild, das ein Team von sich selbst hat, taugt vielleicht nicht mehr. In diesem Prozess gibt es nicht selten Modernisierungsgewinner und -verlierer. Bei der Schwierigkeit, sich neu aufzustellen, werden oft einzelne Personen als Verhinderer definiert.

A) Situationsbeschreibung
Das kleine Team besteht aus drei Mitarbeiterinnen und einem Geschäftsführer. Es betreut eine der vielen innerstädtischen Pro-

blemgruppen, nämlich Migrantenfamilien, und dies hauptsächlich durch die Organisation und Betreuung von Freiwilligeneinsätzen. Freiwillige müssen angeworben, eingearbeitet und begleitet werden; die Arbeit muss für die Freiwilligen attraktiv gestaltet sein, Weiterbildung wird angeboten, Spenden müssen eingetrieben werden.

Alle vier sind bei einem Verein angestellt.

Der Verein ist seit etwa zehn Jahren in diesem Feld aktiv. Bis vor zwei Jahren gab es nur den Geschäftsführer, Herrn F., und eine Mitarbeiterin, Frau Z. Aber die Arbeit war erfolgreich; es wurde eine zweite Frau eingestellt, Frau R., die die Freiwilligenarbeit weiter ausbauen sollte, und schließlich Frau C., zuständig für das Eintreiben von Spenden.

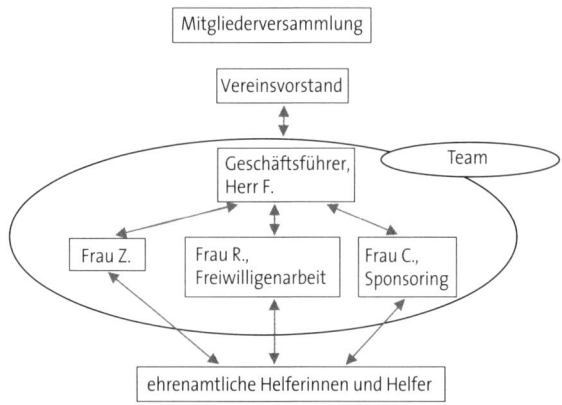

Abb. 8: Organigramm der Initiative

Schon seit einiger Zeit sind die Beziehungen sehr angespannt. Vorwürfe fliegen hin und her. Herr F. räumt seine Kaffeetassen nicht weg. Frau Z. telefoniert zu lange privat und spricht dabei zu laut. Frau R. meckert über die fehlende Unterstützung durch Frau Z., und Frau C. stellt fest, sie sei schließlich keine Sekretärin.

Gemeinsame Besprechungen finden schon länger nicht mehr statt, da man nichts miteinander bereden könne, ohne sogleich in Streit zu geraten.

Der Geschäftsführer und die beiden neuen Mitarbeiterinnen sind sich darin einig, dass Frau Z. »das Problem« sei. Sie arbeite zu wenig, sie sei illoyal dem Verein gegenüber, sie jammere immer über Zeitmangel, verbringe aber ewige Zeiten mit privaten Dingen. Sie mache frei, obwohl sie keinen Urlaub mehr habe. Sie sei unkooperativ und schnippisch, sie lasse sich nichts sagen und mache die Arbeit der anderen nieder.

Die beiden Neuen dagegen, so der Geschäftsführer, machten ihre Arbeit gut. Frau C. sei recht erfolgreich in der Beschaffung von Finanzmitteln, und Frau R. habe sich interessante Projekte ausgedacht, die auch Ehrungen und Preise bekommen und den Verein in die Presse gebracht haben. Er habe immer gedacht, er habe mit Frau Z. früher gut zusammengearbeitet, aber seit nun die Neuen da seien, wisse er erst, was fachlicher Austausch und Kooperation sein könnten.

Es ist ganz klar: Wenn Frau Z. nicht wäre, würde alles prima laufen.

Die lässt sich aber die Butter nicht vom Brot nehmen und schimpft ihrerseits heftig: Der Geschäftsführer sei schlampig und ein Angeber. Die Fundraiserin sei ihr Geld nicht wert, und die neue Kollegin in der Freiwilligenbetreuung wolle ihr nur ihre Kontakte klauen.

B) Folien des Verstehens

Der Beraterin scheinen die Rollen in diesem Team deutlich verteilt: Der Geschäftsführer ist der Mann mit den brillanten Ideen, der den Verein aufgebaut hat und der auf nationalen und internationalen Bühnen auftritt.

Frau R., die neue Mitarbeiterin in der Freiwilligenbetreuung, ist seine Vertraute, seine Gesprächspartnerin, mit der er Ideen austauscht und entwickelt.

Frau C. repräsentiert Sachlichkeit und Effizienz; sie kommt aus der Wirtschaft, ist, wie sie sagt, ein anderes Arbeiten gewohnt, und wird vom Chef und von Frau R. für ihre Tüchtigkeit gelobt.

Frau Z. ist diejenige, die schlechte Stimmung macht, wahrscheinlich faul ist und die erfolgreiche Weiterentwicklung des Vereins verhindert.

Dies ist das »Angebot«, das das Team der Beraterin macht, d. h. die von der Mehrheit favorisierte Sicht der Dinge. Und wie immer, wenn eine einzige Person »an allem schuld« ist, ist Vorsicht angebracht.

Folie 1: »History matters«: Wie war es früher, und was hat sich verändert?
In den Aufbaujahren war Frau Z. mit dem Leiter allein. Obwohl es eine grobe Arbeitsteilung gab, machten beide das, was eben anfiel. Die Rollendifferenzierung war gering. Es ging ziemlich informell zu. Keiner kontrollierte die Arbeitsstunden und die Urlaubstage. Beide, der Geschäftsführer und Frau Z., gestalteten ihren Arbeitstag recht frei. Da es keinen Etat für Reinigung gab, nahm Frau Z. auch die schmutzigen Handtücher mit nach Hause und putzte die Toilette.

Der Geschäftsführer besprach alle wichtigen Fragen mit ihr, und sie begleitete ihn auf Tagungen und Kongresse. Dort heimsten sie Lob und Bewunderung für ihre innovativen Ideen ein.

Der Erfolg brachte Geld, neue Projekte, mehr Arbeit – und neue Kolleginnen. Frau Z. verlor ihren Status als Einzige und als Vertraute des Chefs. »Professionalisierung« wurde das neue Schlagwort und »Modernisierung« – mehr Mitarbeiter, deutlichere Arbeitsteilung, klarere Rollen und Zuständigkeiten, formalisierte Kommunikation, Protokolle, Anwesenheitslisten, genaue Abrechnungen, professionell fundierte Schulung der Freiwilligen, professionelle Geldbeschaffung, solide Finanzgrundlage.

Es war klar: Unter diesen Bedingungen konnte die alte Ordnung des kleinen Teams nicht überleben. Aber wie sollte eine neue entstehen?

Der Geschäftsführer leitet so viel oder so wenig wie früher, er und die Neuen erwarten aber von Frau Z. ein verändertes Arbeitsverhalten. Das, was sie immer freiwillig »mit« gemacht hatte, ist plötzlich Bestandteil ihrer Arbeitsaufgaben und wird eingeklagt. Ihre sehr persönliche Art, mit den Freiwilligen umzugehen, erregt auf einmal Anstoß, wird als unprofessionell und Zeitverschwendung kritisiert.

Frau Z. beginnt, zu streiken. Sie entwickelt eine eigene Definition von »professionell« – sie putzt nicht mehr, sie nimmt die

Wäsche nicht mehr mit nach Hause, sie räumt nicht mehr auf, sie kocht keinen Kaffee mehr. Nun werden die anderen sauer.

Die alte Ordnung trägt nicht mehr, und die Versuche, sie fortzusetzen, führen nicht dazu, dass eine neue Balance entsteht, sondern nur zu Streit.

Folie 2: Das Sündenbockphänomen:
Was laden die anderen bei dem Sündenbock ab?
Das Sündenbockphänomen gibt es oft in Teams. Es ist daher wichtig, zu verstehen und Handlungsstrategien zu bedenken.

Die erste Regel lautet: dem Angebot der Gruppe widerstehen; die Definition von Frau Z. als Ursache allen Übels nicht übernehmen und daher auch nicht daran arbeiten, dass sie sich bessert oder das Team verlässt. Natürlich wirken sich die Unterschiede zwischen den Personen auf die Qualität der Zusammenarbeit aus – aber wenn einem ein Sündenbock präsentiert wird, geht es nicht nur um Unterschiede zwischen Menschen.

Der Sündenbock hat eine wichtige Funktion für die Gruppe, er dient nämlich – wie schon der ursprünglich geopferte Hammel – dazu, die anderen von etwaiger Schuld und von ihren Ängsten zu befreien (ausführlich dazu Antons 2009).

Widerstehen wir also der Verlockung, Frau Z. als Verantwortliche für die Teamprobleme zu betrachten, und machen wir uns daran zu untersuchen, welche Funktion der Sündenbock in diesem Falle erfüllt und was bei ihm abgeladen wird.

Wenn der Leiter über die Situation des Vereins spricht, wird rasch deutlich, dass seine Lage prekär ist. Die Bedingungen der äußeren Umwelt haben sich in den letzten Jahren dramatisch verändert. Der Verein ist zwar bekannt und angesehen, aber nicht mehr allein auf weiter Flur. Er hat von anderen Initiativen, die auch gute Ideen haben, Konkurrenz bekommen. Zudem ist das Migrantenthema gerade nicht sehr aktuell. Es wird immer schwieriger, Geld zu beschaffen. Öffentliche Finanzmittel kann man vergessen, und auch private Spender halten sich zurück. Der Leiter berichtet, dass er oft nachts nicht schlafen kann, weil er nicht weiß, wie lange sie es noch stemmen können. Auch die Ansprüche an die Arbeit des Vereins sind gewachsen. Anwerbung und Weiterbildung von Freiwilligen sind in den letzten fünf Jahren viel

professioneller geworden. Freiwillige engagieren sich eher kurz-
fristig in attraktiven Projekten und nicht mehr langfristig. Der
Verein hat sich auf seinen Lorbeeren ausgeruht und muss nun
tüchtig nachholen, um attraktiv zu bleiben.

Unter den Streitigkeiten, so wird deutlich, liegt die Existenz-
angst. Über die drohenden Gefahren wird jedoch kaum gesprochen, stattdessen ist Frau Z. als Modernisierungshindernis ausgemacht. Solange man sie als Sündenbock hat, braucht man der
ängstigenden Gesamtsituation nicht ins Auge zu sehen.

Folie 3: Beziehungskonflikte –
Was wollen die Beteiligten voneinander?
Frau Z. ist ein sehr streitbarer Sündenbock; sie macht dem Teamleiter heftige Vorwürfe, und die beiden geraten immer wieder in
heftige Wortwechsel. Es bedarf nur geringer Fantasie, um sich
vorzustellen, was die Motoren der Streitigkeiten sein können. Die
Mitteilung des Leiters, dass er nun erst wisse, was gute Zusam-
menarbeit und kollegialer Austausch seien, hat Frau Z. gekränkt.
Wer möchte schon in dieser Weise fallen gelassen werden? Jah-
relang war sie die Vertraute, und nun ist sie nur noch nervend.
Diesen erzwungenen »Rollenwechsel« von der Vertrauten zur
Schwierigen wirft sie ihm vor. Hinzu kommt noch eine weitere
Neuerung: Der Leiter merkt, dass er mehr leiten muss als bisher.
In der neuen Zusammensetzung funktioniert die Kommunikation
auf Zuruf nicht mehr. Er merkt auch, dass er die Übersicht verliert. Er möchte daher, dass Frau Z. tut, was er sagt, und sich nicht
so anstellt. Sie ist schließlich seine Mitarbeiterin. Frau Z. jedoch
tut sich schwer, diese in ihren Augen plötzlich geforderte hierar-
chische Ordnung zu akzeptieren; sie beharrt auf den bisherigen
Freiheiten.

C) Bewertung und Entscheidung

Kränkung und Verärgerung, insbesondere zwischen Leiter und
Frau Z., sind für die Teamsituation sicher von Bedeutung, aber
nicht entscheidend. Daher bitte: die Beziehungsbrille erst einmal
ab- und die Organisationsbrille aufsetzen!

In den letzten Jahren haben sich die Teamumwelt und auch
das Team dramatisch verändert. Das Team ist jetzt doppelt so

groß; Konkurrenz und Geldmangel schaffen ein unsicheres Umfeld.

Die alte Ordnung, nach der es gearbeitet hat und die es erfolgreich sein ließ, kann nicht mehr funktionieren, denn die äußeren Bedingungen und die Personen sind andere. Während zwei Personen noch auf Zuruf zusammenarbeiten können, geht das bei der doppelten Zahl nicht mehr. Die Abläufe müssen formalisierter werden, die Leitung muss mehr kontrollieren, die Kommunikation muss geregelter werden. Neue Arbeitsroutinen müssen entstehen.

Da das Arbeitsfeld sich inzwischen entwickelt und professionalisiert hat, muss auch der Verein sich entwickeln, seine Angebote und Methoden auf den Stand der Konkurrenz bringen. Im Rahmen der alten Ordnung des Teams ist dies nicht möglich. Aber eine neue ist noch nicht gefunden. Das Stabilisierende und das Dynamische sind ganz aus der Balance geraten. Die Arbeit wird nicht mehr gut getan, die Teammitglieder sind unglücklich und unzufrieden, noch ist die Existenz des Teams nicht bedroht, aber wenn sich nicht bald etwas ändert, könnte es so weit kommen.

D) Handlungsoptionen

Für die Beraterin: Die Beraterin richtet ihr Augenmerk vor allem auf das Stabilisierende: Ziel ist, Stabilität im Team zu verstärken bzw. wiederherzustellen, und zwar so, dass diese Aspekte einer neuen Ordnung zu den veränderten Bedingungen passen.

Dieses Ziel kann nicht gleich verfolgt werden, denn die angestauten Affekte brauchen erst einmal Raum. Mehrere Stunden lang geht es nur darum, gegenseitig Vorwürfe auszusprechen. Die *thematischen Grenzen* erweitern sich deutlich. Vieles, was bisher hinter vorgehaltener Hand getuschelt wurde und das Klima vergiftet hat, liegt nun auf dem Tisch. Die Beraterin sorgt dafür, dass die Vorwürfe konkretisiert werden, und fasst gelegentlich das Benannte zusammen.

Allmählich können nun Regeln eingeführt oder gesichert werden. So kann zum Beispiel anhand des Vorwurfs, Frau Z. nehme zu viel Urlaub, geklärt werden, wo die Urlaubstage aller Mitarbeiter aufgezeichnet sind und wie sie kontrolliert werden. Schritt für Schritt wird ein neuer Arbeitsrahmen erarbeitet und gesichert: Urlaubstage, An- und Abwesenheit, Arbeitsstunden, Arbeitsteilung, Regelkommunikation (Teamtreffen).

Bei den Teamtreffen hat die am wenigsten involvierte Mitarbeiterin es übernommen, die anderen darauf aufmerksam zu machen, wenn sie wieder anfangen zu streiten. Das gelingt ganz gut.

Für den Leiter: Der Leiter hat beschlossen, mehr zu leiten. Er wird deutlichere Vorgaben machen, einige wenige Regeln einführen, diese aber auch kontrollieren und durchsetzen. Mit Frau Z. hat er besprochen, welche Arbeiten sie in Zukunft an eine Putzfrau abgeben kann.

Die stärkere Formalisierung bedeutet auch eine größere Disziplinierung des Leiters. Er muss sich an die von ihm gesetzten Regeln ebenfalls halten. In Zukunft wird er nicht nur Ideen entwickeln und das Projekt nach außen darstellen. Er wird ein Gutteil seiner Aufmerksamkeit auf die Binnensituation des Teams richten und dort deutlicher und konsequenter als bisher steuernd eingreifen.

Diese Beschlüsse in die Tat umzusetzen wird dem Leiter nicht leichtfallen. Denn er hat sich immer gern als jemanden gesehen, der großzügig ist, der nicht kontrolliert, der den Mitarbeiterinnen vertraut. Nun muss er Seiten des Leiterseins entwickeln, die so gar nicht zu seinem Selbstbild passen, er muss kontrollieren, kritisieren, klare Vorgaben machen und Entscheidungen treffen, auch wenn sie den Mitarbeiterinnen wehtun.

E) Modellbezug
Wachstum – Eine Herausforderung für den Systemerhalt
Jede deutliche Veränderung der Teamgröße hat Folgen für die Ordnung. Das soziale System muss lernen. Ein kleineres Team kommt mit weniger Regeln aus, die Abläufe müssen weniger formalisiert sein, vieles kann per Zuruf erledigt werden. Auch ein Team, das wächst, muss sich verändern, damit es seine Aufgabe gut erfüllen kann. Die Zusammenarbeit ist plötzlich untergeregelt. Jetzt muss vieles festgelegt werden, was bisher informell gehandhabt wurde. Während man sich in einem sehr kleinen Team zwischen Tür und Angel verständigen und absprechen kann, muss jetzt eine Regelkommunikation in Form einer Mitarbeiterbesprechung eingeführt werden, damit alle informiert sind.

Auch die Rollen müssen sich stärker differenzieren. Die Arbeitsteilung muss präziser werden, damit man sich nicht ins Gehege kommt, aber auch damit tatsächlich alle Aufgaben verteilt sind und nicht manche liegen bleiben. Die Frage: »Was gehört eigentlich zu meinen Aufgaben und was nicht?«, muss für alle eindeutig beantwortet werden.

Entscheidungen werden nicht mehr nur einvernehmlich getroffen – die Leitung entspricht nicht immer dem Wunsch der Mitarbeiter. Durch die Organisation gesetzte Machtunterschiede werden deutlicher. Die Leiterin oder der Leiter macht nun Bekanntschaft mit den unangenehmen Seiten von Führung – Kritisieren, Neinsagen, Kontrollieren. Möglicherweise passt dieses Führungsverhalten nicht in das Selbstbild der Leitung.

Teams haben eine Geschichte

Soziale Systeme wie Teams haben eine Geschichte, die sich auf die Gegenwart auswirkt. Manches lässt sich nur verstehen, wenn man die Vergangenheit kennt, die die Kultur und die Umgangsformen geprägt hat.

Zu Beginn der Teamarbeit, in der Gründungs- und Formierungsphase (s. S. 41), setzen sich die Teammitglieder mit ihrer Aufgabe, den Kontextbedingungen und den Vorstellungen und Wünschen der Einzelnen auseinander. Diese oft konfliktreichen Klärungen führen zu einer ersten gemeinsamen Ordnung – explizit oder implizit –, die sich in bestimmten Mustern, in Normen, Regeln und Grenzziehungen ausdrückt. Dadurch wird die Identität eines Teams geprägt, und die entstandene und geschaffene Ordnung wird zum wichtigen gemeinsamen Bezugspunkt für die spätere Gestaltung der Teamarbeit, sie sorgt für Sicherheit und Kontinuität.

Teams haben eine Tendenz, weiterhin die gewohnten und eingelaufenen Wege einzuschlagen; Veränderungen in den Umwelten werden oft übersehen, ignoriert oder als Bedrohung aufgefasst. Die Abkehr von der bestehenden Ordnung kommt einem Verrat am einmal Erreichten und gemeinsam Erarbeiteten gleich, die Teamidentität wird dadurch bedroht.

Eine Methode, die Vergangenheit eines Teams in ihrer Wirkung auf die Gegenwart zu untersuchen, ist die unter 4.2.1 beschriebene Übung: »Die Lebenslinie des Teams«.

3.7 Wiederbelebungsversuche

In einem Stellvertreterkonflikt streiten sich die Parteien stellvertretend für andere. In unserem Fall streiten sich Leiter und Stellvertreter, das Team schaut zu und wünscht sich, sie würden damit aufhören. Die nähere Untersuchung ergibt: Das Team hat die Verantwortung für das interne Geschehen an die Leitung abgegeben. Die Mitarbeiter streiten sich nicht – das tun stattdessen die Leiter. Die Teammitglieder sind in langjährig entwickelten Rollen erstarrt und müssen mühsam lernen, wieder Verantwortung für das Teamgeschehen zu übernehmen.

A) Situationsbeschreibung

Im Betriebsrat eines großen Unternehmens ist der langjährige Vorsitzende zurückgetreten. Er ist nun wieder ein normales Teammitglied. Die Betriebsratsgruppe hat sich vor fünf Jahren einmal gegen eine andere Liste durchgesetzt. Aus diesem Kampf ist eine Gruppe mit hohem innerem Zusammenhalt entstanden, die seither weitgehend stabil ist. Während all dieser Jahre war derselbe Vorsitzende im Amt – ein sehr fähiger Mann, der die recht heterogene Gruppe glänzend zu leiten gewusst hat. Alle Teamrollen waren klar, jeder hatte seine besonderen Aufgaben, man war miteinander und auch in der Aktion nach außen bestens eingespielt.

Vor einem Jahr ist nun der frühere Stellvertreter neuer Vorsitzender geworden. Sein Stellvertreter ist ein Mann, der aus einer Linienposition im Unternehmen kommt.

Die beiden, der neue Leiter und sein Stellvertreter, liegen miteinander im Dauerclinch. In unzähligen Situationen des Alltags geraten die beiden aneinander – sie streiten sich um alles und jedes bis zum Überdruss. Der Dauerstreit schluckt viel Energie – und das in einer Situation, in der im Unternehmen weitreichende Veränderungen geplant werden, zu denen der Betriebsrat sich eigentlich äußern und verhalten müsste.

Die ewig kämpfenden Vorsitzenden sind allen so unerträglich, dass das Gremium externe Beratung in Anspruch nehmen möchte – angeblich, um den Konflikt zwischen den beiden zu bearbeiten. Tatsächlich aber wohl, um ihn im Sinne des Gremiums zu klären: Der Vorsitzende muss weg. Dabei erhoffen sie sich die Unterstützung der Beraterin. Bei Teamkonflikten ist dies eine recht typische Situation: Es gibt mehrere Parteien, und die externe Beratung wird eingeladen in der Hoffnung, die jeweils eigene zu unterstützen.

B) Folien des Verstehens
Folie 1: Die Rivalen – Worum wird gekämpft?

Die Betriebsratsgruppe präsentiert der Beraterin den Konflikt als einen Konkurrenzkampf zwischen dem neuen ersten Vorsitzenden und seinem Stellvertreter. Wer ist der bessere Mann für den Job? Wer ist ein würdiger Nachfolger des geliebten und verehrten langjährigen Vorsitzenden, der dem Gremium immer noch angehört? Wer kann dem Betriebsrat in einer turbulenten Zeit Einfluss und Schlagkraft sichern?

Die beiden kämpfen um die Macht, so kann man es sehen. Der eine, der Stellvertreter, wird getrieben durch das Bedürfnis, seine Arbeit als Linienvorgesetzter, die er als erfolglos ansieht, zu vergessen und sein angeschlagenes Selbstbewusstsein aufzubessern. Er findet, er kann vieles, wenn nicht das meiste besser als der Vorsitzende. Wenn er ihm bei Verhandlungen zuschaut und -hört, malt er sich aus, wie er es machen würde und dass er es anders machen würde.

Da sitzt er dann schweigsam und frustriert, weil er nicht eingreifen kann. In den Sitzungen des Betriebsratsgremiums dagegen nimmt er kein Blatt vor den Mund und lässt keine Gelegenheit aus, dem Vorsitzenden zu widersprechen.

Dieser kann dem Stellvertreter seine ständigen Widersprüche und Besserwissereien nicht durchgehen lassen. Er ist schließlich gewählter Vorsitzender; der andere ist neu dazugekommen und sollte sich eigentlich erst mal etwas zurückhalten. Vor allem aber möchte er vor dem alten Vorsitzenden gut dastehen. Er möchte ihm beweisen, dass er der Rolle und der Aufgabe gewachsen ist. Der alte hat ihn schließlich als Nachfolger aufgebaut, hat ihm den Job zugetraut und dazu beigetragen, dass er ihn auch bekommt. Der jetzige Vorsitzende hat große Sorge, in den Augen des »Alten« als Versager dazustehen.

Folie 2: Das leblose Team – erstarrt in der Spezialisierung

Die erste Verstehensfolie wird der externen Beraterin angeboten, die zweite muss sie sich selbst durch Beobachtung des Teams in Aktion erschließen.

Die Sitzung, bei der auch die Beraterin anwesend ist, hat noch nicht lange begonnen, da geraten der Vorsitzende und sein Stellvertreter schon aneinander. Die Teammitglieder verdrehen die Augen, sagen aber nichts. Auf Nachfrage meint einer: »So läuft es immer!«, und die anderen nicken zustimmend. Damit verabschieden sich die Teammitglieder aus ihrer Verantwortung für die Situation.

Durch Nachfragen der Beraterin entsteht langsam aus lauter zögernden Beiträgen folgendes Bild: Alle im Team sind Spezialisten. Ihre Rollen sind hoch differenziert, jeder hat seine über Jahre entwickelten Schwerpunkte. Der alte Vorsitzende hatte dafür gesorgt, dass all diese besonderen Kompetenzen gut zum Einsatz und zur Wirkung kamen. Und die Steuerung des Gesamtteams hatte allein in seinen Händen gelegen. Aber dieses Arrangement hatte hohe Kosten, die sich nun, nach dem Wechsel, zeigen: Es gibt kaum noch Diskussionen. Es wird abgestimmt, wenn nötig, aber inhaltliche oder strategische Auseinandersetzungen – »Mischen wir uns da ein oder nicht?« »Schreiben wir eine Stellungnahme oder nicht?« »Welche Forderungen erheben wir angesichts der Umstrukturierungspläne?« – fehlen völlig. Stattdessen streiten sich der neue Vorsitzende und sein Stellvertreter und die Teammitglieder schauen dabei zu. Sie haben sich wohl schon lange aus der Auseinandersetzung zurückgezogen.

Die Einzelnen übernehmen zwar Verantwortung für ihre Arbeit, aber keiner fühlt sich für die Qualität der Zusammenarbeit verantwortlich, keiner greift steuernd ein, keiner kritisiert, keiner unterstützt. Sie lassen sich in Ruhe. Sie haben das Gefühl, als hätten sie mit der Situation nichts zu tun – jedenfalls nicht im Sinne einer aktiven Mitgestaltung. Sie leiden stumm und setzen darauf, dass sich alles ändern wird, wenn sie den neuen Vorsitzenden losgeworden sind.

Die innere Ordnung des Teams ist während der vielen Jahre unter dem alten Vorsitzenden entstanden. Jetzt funktioniert sie nicht mehr.

C) Bewertung und Entscheidung

Alle sind sich über die Diagnose einig. Vorsitzender und Stellvertreter liegen im Dauerclinch, der Vorsitzende muss weg, dann wird alles besser. Die Teammitglieder erwarten von der Beraterin Unterstützung bei ihrem Bemühen, die Situation in ihrem Sinne aufzulösen. Die Streitenden erwarten Unterstützung für jeweils ihre Partei.

Die Versuchung ist groß, sich den Streitenden zuzuwenden mit dem Ziel, ihren Umgang untereinander zu verändern oder eine personelle Konsequenz zu unterstützen – und so auch die Machtfrage zu klären.

Doch wer immer in Zukunft die Leitung des Gremiums übernehmen wird – er wird die Rolle nicht so ausfüllen, wie es der alte, verehrte Vorsitzende getan hat. Damit wird dem Team in jedem Fall ein verändertes Verhalten abverlangt. Die Ordnung des Teams muss sich an den neuen Verhältnissen ausrichten. Aber das Gremium ist erstarrt und veränderungsunfähig. Eine Interventionsstrategie, die sich auf die erste Folie stützt, wird keine nachhaltige Lösung des Problems ermöglichen.

Es wird also eher darum gehen, den Kampf der beiden Männer als einen Stellvertreterkonflikt zu verstehen. Die Aufgabe besteht darin, mit dem Team zu untersuchen, welche Auseinandersetzungen untereinander die beiden Leiter ihm abnehmen. Nur so kann das Team wieder lebendig werden und seine Lernfähigkeit als funktionierendes soziales System zurückgewinnen.

D) Handlungsoptionen (nur für die Beraterin)

In diesem Fall ist deutlich zu sehen, dass die Analyse auch schon eine Intervention ist, die etwas verändert. Als die beiden Leiter streiten und die anderen so tun, als wären sie nicht beteiligt, beginnt die Beraterin damit, in klassisch gruppendynamischer Manier zu fragen: »Haben Sie etwas mit diesem Streit zu tun? Was ist Ihre Meinung? Wo stehen Sie?«

Das Nachfragen bewirkt Verschiedenes. Die Beraterin bekommt einen Eindruck von der Verfassung des Teams. Die Teammitglieder werden angeregt, über sich und ihr Verhalten nachzudenken, und sie kommen miteinander ins Gespräch. Im Mittelpunkt stehen seit langer Zeit einmal nicht die beiden Streithähne, sondern die Teammitglieder, ihr Verhalten und ihre Beziehungen – zueinander und zu den Vorsitzenden.

Dieses Vorgehen ist nur möglich in einer offenen Gesprächssituation, in der das Verhalten der Teammitglieder sichtbar werden kann und nicht durch Vorgaben weggeregelt wird. Nur dann ist es beobachtbar (und auch für die Teammitglieder wahrnehmbar, wenn sie darauf hingewiesen werden).

Da das Kommunikationsmuster der Teammitglieder – alles läuft über den Vorsitzenden – langjährig eingeschliffen ist, wird es nicht leicht sein, in ihnen ein Gefühl für das, was sie verloren haben, wachzurufen. Der Plan besteht darin, sie aufzufordern und zu ermutigen, das, was sie in Bezug auf ihre Arbeit und ihre Zusammenarbeit denken und fühlen, zur Sprache zu bringen. Auch die Verklärung der früheren Situation und die Idealisierung des ehemaligen Vorsitzenden gehören zu den unbesprochenen Themen.

Je mehr zur Sprache kommt, desto erlebbarer wird der Rückzug aus dem Gemeinsamen, desto fühlbarer die erstarrte und unbelebte Situation, und desto deutlicher wird den Beteiligten, dass der Weg zur Wiederbelebung des Teams nur über das Aussprechen des Ungesagten möglich ist. Zur Bearbeitung bedarf es unbedingt eines externen Partners. Denn die Teammitglieder sind auf den Streit der Vorsitzenden fixiert. Der Blick auf das Team und seinen Zustand ist ihnen versperrt. Er kann nur mit externer Hilfe wiedergewonnen werden.

E) Modellbezug
Bewegliche Steuerung

Bei der Verstehensfolie, die wir ausgewählt haben, geht es nicht um Konflikt, sondern um Steuerung: Wer nimmt Einfluss auf das Teamgeschehen? Wer bringt etwas zur Sprache? Wer fühlt sich verantwortlich für das Miteinander?

In unserem Modell speist sich die Steuerung aus verschiedenen Quellen. Die wichtigste für die meisten Teams ist die Teamumwelt mit ihren Vorgaben und Eingriffen. Natürlich steuert auch der Leiter oder die Leiterin. Aber nicht so ausschließlich, wie es oft angenommen wird. Wir gehen davon aus, dass verschiedene Steuerungsleistungen notwendig sind, damit eine gute Zusammenar-

beit ermöglicht wird, und dass es weniger wichtig ist, wer sie er-
bringt, als dass sie überhaupt erbracht werden.

Je beweglicher ein Team in Bezug auf steuernde Impulse ist,
je mehr also der Einzelne einbringt, je freier er oder sie eingreifen darf und auch eingreift, desto leichter kann das Team lernen,
wenn neue Bedingungen dies notwendig machen. Eine sternförmige Kommunikation, in der alles auf die Leitung zuläuft und
nur diese sich für das Geschehen verantwortlich fühlt, überlastet
die Leitung und mindert die Leistung des Teams und seine Lernfähigkeit.

F) Forschungsergebnisse
Kommunikationsstrukturen in Gruppen
Die bis heute gültigen Experimente zur Kommunikationsstruktur
in Gruppen und ihrer Wirkung stammen von Alex Bavelas (1951).
Wiederholungen in späteren Jahren bestätigten die Ergebnisse.

Bavelas Frage war: Wie beeinflusst die Kommunikationsstruktur einer Gruppe ihre Fähigkeit, eine gestellte Aufgabe zu lösen? Er
untersuchte drei Kommunikationsmodelle: Ring (a), Kette (b) und
Stern (c). Harold Leavitt (1951) ergänzte die Modelle um ein vier-
tes, die All-Channel-Kommunikation (d). In beiden Experimenten
erhielt jeder Teilnehmer eine Spielkarte mit fünf Symbolen. Die
Aufgabe bestand darin herauszufinden, welches Symbol (es war
nur eines) auf allen fünf Spielkarten vorkam. Die Teilnehmer – Studenten – durften nur schriftlich und durch ein Röhrensystem miteinander kommunizieren. Trennwände verhinderten Blickkontakt.

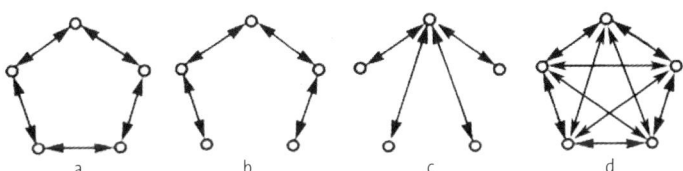

Abb. 9: Kommunikationsmodelle (nach Paul u. Grubert o. J., S. 7)

Die Ergebnisse sind für das Thema Leitung von Gruppen bis heute
bedeutsam. Die Gruppen c (Stern) und d (All-Channel) erledigten
die Aufgabe am schnellsten, die Kette (b) war am langsamsten.

Der Stern war fast doppelt so schnell wie der Ring (a). Dies scheint zunächst die Leistungsfähigkeit einer hierarchischen Kommunikation zu bestätigen. Aber: Die Zufriedenheit der Teilnehmer war im All-Channel- und im Ringmodell am höchsten. Auch die Reaktion der einzelnen Gruppen auf Störungen war sehr unterschiedlich. Die Forscher erschwerten entweder die Aufgabenstellung durch Verwendung unklarer Symbole, oder sie behinderten die Verständigung durch die Störung eines Kommunikationskanals. Die Gruppen Kreis und All-Channel wurden zwar langsamer, lösten aber die Aufgabe nach wie vor erfolgreich. Stern und Kette dagegen zeigten Auflösungserscheinungen: Die Suche nach einer Lösung wurde bald aufgegeben, im Stern belegten die Teilnehmer einander stattdessen mit Schimpfworten. Einige verließen sogar frustriert die vorgegebene Sitzordnung.

Die nichthierarchisch organisierten Gruppen nahmen die Störung ganz anders auf. Sie gaben den schwierigeren Symbolen eigene Namen. Sie blieben nicht nur arbeitsfähig, sondern reagierten kreativ auf das »Neue«.

Seither hat sich die Vorstellung erhalten, dass Teams mit nicht oder gering standardisierten Aufgaben und eigenem Gestaltungsspielraum am besten in einer wenig hierarchisierten – und wenig zentralisierten – Kommunikationsstruktur arbeiten können. Steuerungsimpulse von vielen Teammitgliedern sind erwünscht. Das entlastet die Leitung und bereichert die Arbeitsergebnisse. Für diese Teams ist die Entwicklung eines All-Channel-Kommunikationssystems eine wichtige Aufgabe.

4 Analyse, Intervention und Methoden

Die Analyse der Teamsituation und die anschließende Bearbeitung verfolgen Ziele auf verschiedenen Ebenen. Das erste Ziel ergibt sich aus der jeweiligen Problematik: Die Situation soll verbessert, die Schwierigkeiten sollen behoben, der Konflikt geregelt oder gelöst werden. Das zweite Ziel ergibt sich aus der Überzeugung der Autoren, dass Teams lernen sollten, nicht nur über ihre Arbeit, sondern auch über ihre Zusammenarbeit zu sprechen mit dem Ziel, ihre Qualität zu verbessern und Probleme rechtzeitig zu bemerken. Die Fähigkeit zu dieser Art Reflexion muss erworben und entwickelt werden. Die Arbeit an den jeweiligen Schwierigkeiten sollte also auf eine Art und Weise erfolgen, die sowohl die akute Lage verbessert als auch die Reflexionsfähigkeit des Teams entwickeln hilft.

Diese beiden Ziele führen dazu, dass die Daten über das jeweilige Team, seine Ordnung und seine momentane Situation vor allem von den Beteiligten selbst erzeugt werden müssen – zum Beispiel in Form einer Untersuchung des Teams anhand von Fragen oder mithilfe ausgewählter Übungen. Diese Selbstuntersuchung ist dann zugleich eine Intervention. Denn wenn die Teammitglieder miteinander über ihre Geschichte oder die bei ihnen geltenden Regeln sprechen, verändert sich damit das Wissen übereinander und über das Team; die Kommunikation wird offener, Beziehungen entspannen sich, und die Ordnung kann sich ändern.

Ein wichtiger Ausgangspunkt der Analyse sind die Beobachtungen und Erfahrungen, die die Teammitglieder und eventuell auch Berater von außen im Hier und Jetzt, d. h. in der aktuellen Gruppensituation, machen. Viele Probleme werden erst in der direkten Interaktion sichtbar. Aber damit sie wirksam werden können, müssen auch diese Beobachtungen zur Sprache gebracht (und nicht verschwiegen) werden.

Wie interveniert man also, um Probleme zu lösen und Teams lernfähig zu machen? In diesem Kapitel wird diesen Fragen, die sich bei den einzelnen Fällen als Handlungsperspektiven konkret gestellt haben, im Zusammenhang nachgegangen.

In einem *ersten* Abschnitt wird das besondere Verständnis von Analyse und Intervention in Teams als sozialen Systemen beschrieben und im *zweiten* Abschnitt mit der Darstellung einiger Analysefragen und Übungen illustriert.

Im *dritten* Abschnitt geht es um das Beobachten und im *vierten* um das wichtigste Arbeitsmittel dieser Untersuchungsmethode, nämlich um die Frage: Wie bringt man in einem Team etwas zur Sprache?

Ein Modell der selbst gesteuerten Reflexion im Team und einschlägige Forschungsergebnisse zur Bedeutung des Reflektierens für die Arbeitsfähigkeit von Teams findet sich im *fünften* Abschnitt dieses Kapitels. Es wird im *sechsten* Abschnitt mit der Frage, wann es sinnvoll ist, externe Berater einzuschalten, abgeschlossen.

4.1 Analyse und Intervention im sozialen System Team

Interventionen in Teams sind absichtsvolle Handlungen mit dem Ziel, am augenblicklichen Zustand des Teams, seiner Leistung und der Zufriedenheit der Mitglieder etwas zu verändern, um die drei Funktionen in eine neue Balance zu bringen (s. Abschn. 1.4). Gruppendynamische, systemische Interventionen setzen, das haben wir in den Fallbeispielen deutlich zu machen versucht, zunächst eine genaue Analyse der Situation voraus. Sie sollte sich auf ein Modell oder eine Theorie bezieht. Das schützt uns (hoffentlich) vor zu simplen Erklärungsmustern wie »Der faule Kollege« oder »Der Chef muss führen« etc. Je besser wir die Ordnung des jeweiligen Teams verstehen, desto überzeugender können wir die eigenen Interventionen begründen und anderen verständlich machen. Zudem schützt uns die diagnostische Anstrengung davor, schnell irgendetwas zu tun, damit etwas getan wird.

Die Beziehung zwischen Analyse und Intervention, zwischen Verstehen und Handeln ist bei sozialen Systemen anders als bei technischen oder biologischen. Einen Motor kann man auseinandernehmen, einen Organismus kann man aufschneiden. Wenn man aber als Mitglied, als Leiter oder Beraterin ein Team untersucht und verstehen möchte, ist der Analysierende Teil des zu untersuchenden Systems, d. h., der Forscher muss sich selbst in die Betrachtung mit einbeziehen.

Das erleichtert das Untersuchen und erschwert es zugleich. Erleichternd ist die Nähe zum Forschungsgegenstand. Man kann das Team in Aktion »teilnehmend« beobachten und kann die Wirkung des Teams am eigenen Leib erleben: Wie ist das Klima, fühle ich mich unterstützt oder in starker Konkurrenz, muss man vorsichtig sein oder eher lautstark? Solche Selbstwahrnehmungen sind wichtige Hinweise auf den Zustand des Teams. Sie können für das Verstehen genutzt werden, wenn man sie als eigene Reaktion auf das Team wahrnimmt. Das Teammitglied als Forscher schaut somit in zwei Richtungen: Es schaut nach außen und beobachtet das Team und die einzelnen Mitglieder, und es schaut nach innen und registriert, wie es selbst das Team erlebt.

Die eigene Zugehörigkeit zum Untersuchungsgegenstand wirkt jedoch auch erschwerend, denn die Distanz geht verloren. Wer Teil von etwas ist, kann das Ganze nur schwer im Überblick betrachten. Um den notwendigen Abstand zu gewinnen und sich trotz der Zugehörigkeit ein umfassendes Bild von der Situation des eigenen Teams zu erarbeiten, hilft es, anderen, Unbeteiligten, den eigenen Fall zu schildern. Diese stellen dann ihre Eindrücke und ihr Verständnis von der Situation zur Verfügung. Das kann im Freundeskreis oder in systematischer, angeleiteter Form in einer kollegialen Beratung oder Gruppensupervision geschehen (vgl. Weigand 2009).

In Teams reicht es aber nicht aus, dass man sich als einzelnes Mitglied, als Leiter oder Berater ein zutreffendes und umfassendes Bild der Situation erarbeitet. Die Sicht Einzelner ist immer eine unter vielen möglichen. Die eigene Einschätzung stimmt in aller Regel nicht – zumindest nicht so selbstverständlich, wie wir annehmen – mit der der anderen überein. Es gibt keine objektive, allgemeingültige Einschätzung der Teamsituation, über die der oder die eine verfügt und die anderen nicht, es gibt viele verschiedene Sichtweisen. Die gemeinsame Einschätzung, die intersubjektive Geltung erlangt, muss miteinander erarbeitet werden. Gibt es erst einmal eine gemeinsame Beschreibung der Situation, in der die verschiedenen Sichtweisen berücksichtigt werden, dann fällt die Ableitung von Konsequenzen nicht mehr schwer.

Die im Folgenden beschriebenen Methoden haben deswegen das Ziel, eine gemeinsame Analyse zu erstellen. Interventionen in Teams stellt man sich am besten als Hilfestellung bei der Selbstuntersuchung und -beschreibung vor oder als eine Gebrauchsanweisung zur Selbsterforschung und nicht als eine Art Reparaturanleitung, in der zu den häufigsten Fehlerquellen die jeweiligen Korrekturprogramme aufgeführt sind.

Teams kann man dadurch steuern, dass man sie zur Selbststeuerung anhält und mit ihnen untersucht, wie die Situation gerade ist, wie es dazu kam, und dann, wie sie zu verändern ist.

Zur Unterstützung braucht es somit keine Berater im Sinne von Experten oder Spezialisten, die nach der Untersuchung eine Diagnose mitteilen und die Behandlungsschritte festlegen, sondern Experten, die das Team dazu befähigen, selbst als Forscher ihre Situation zu untersuchen und zu einer treffenden Beschreibung zu kommen. Dazu bedarf es zweierlei Arten von Unterstützung:

1) *Zur Erweiterung der Perspektive*: Einzelne wie Teams haben ihre Lieblingsperspektiven (s. Vorwort) und -theorien, mit denen sie die Situation interpretieren. Dabei vernachlässigen sie oft Aspekte, die ihnen neue Verstehens- und Handlungsweisen eröffnen würden. Die Unterstützung besteht nun darin, dem Team alternative Interpretationsfolien zur Verfügung zu stellen, wie wir es mit den verschiedenen Folien in den in Kapitel 3 beschriebenen Fällen versucht haben.

2) *Zum Erarbeiten einer gemeinsamen Beschreibung*: Damit die Beobachtungen der Einzelnen in der Gruppe wirksam werden können, braucht es eine zweite Form der Unterstützung: Die Beobachtungen müssen in der Gruppe besprochen werden, denn was nicht gemeinsam beredet werden kann, das kann man auch nicht gemeinsam gestalten. Viele Beobachtungen, die im Informellen ausgetauscht werden – meist unter Gleichgesinnten –, sind für die Analyse von großer Bedeutung, aber sie können erst dann wirksam werden, wenn sie ins formelle Gespräch des Teams gehoben werden. Dafür sind passende Methoden und Fragestellungen nötig und oft ein besonders geschützter

Raum, in dem kritische und möglicherweise abweichende Meinungen ohne zu großes Risiko geäußert werden können. In vielen Situationen sind deshalb reflektierende Gespräche über den Zustand des eigenen Teams ohne die Hilfe eines unbeteiligten Dritten nicht möglich und auch nicht zu empfehlen. Meist geht es um Beobachtungen, die mit Bewertungen und mit Emotionen verbunden sind und die einigen Zündstoff bergen – nicht umsonst wurden sie ja bisher aus dem formalen thematischen Raum des Teams ausgeschlossen (s. Abschn. 4.6).

4.2 Analysefragen und -aufgaben

Im Folgenden werden beispielhaft drei Übungen zur »Selbstuntersuchung« von Teams vorgestellt. Die Aufgaben stellt man am besten einzelnen Untergruppen oder Einzelnen aus dem Team, die ihr Ergebnis dann den anderen vorstellen. Die Teammitglieder kommen leichter in eine forschende Perspektive, wenn sie in einer Untergruppe über das Team sprechen und nicht gleich im ganzen Team. Dadurch entsteht eine informellere Gesprächssituation mit anderen thematischen Grenzen. Erleichtern kann die Erforschung auch ein außenstehender Interviewer, dem die Antworten erzählt werden und der die Ergebnisse jeweils zusammenfasst.

4.2.1 Die Lebenslinie eines Teams

Jedes Team hat eine Geschichte mit Höhen und Tiefen, aus der der momentane Zustand hervorgegangen ist. Teams »hängen« an ihrer Geschichte, wie die Fallbeispiele gezeigt haben, oft ohne es zu merken. Die Übung »Lebenslinie« soll zu einer gemeinsamen Rekonstruktion der Geschichte führen und eine Auseinandersetzung mit den wirksamen Traditionen ermöglichen. Gerade die »jüngeren« Mitglieder wissen oft nicht, warum was seit wann so gemacht wird. Die Vergangenheit und das Geleistete werden gewürdigt, die Quellen der Ordnung sichtbar, Veränderungen möglich.

Aufgabe:	Malen Sie bitte eine »Lebenslinie« Ihres Teams möglichst von seinem Beginn bis heute. Zeichnen Sie in diese Linie alle Höhe- und Tiefpunkte und vor allem die Wendepunkte ein, die den Verlauf kennzeichnen, und benennen Sie die dafür bedeutsamen Ereignisse und Ursachen. Tauschen Sie sich über den Verlauf aus, und versuchen Sie, sich auf eine Lebenslinie zu einigen. Wenn das nicht möglich ist, dann malen Sie unterschiedliche Kurven, und benennen Sie Ihre unterschiedlichen Sichtweisen.
für:	eine oder mehrere Untergruppen des Teams (ca. zwei bis drei Mitglieder, am besten mit unterschiedlich langer Zugehörigkeit). Die Kurve wird von denen, die sie erarbeitet haben, dem ganzen Team vorgestellt. Die anderen können ergänzen oder ihre abweichenden Wahrnehmungen hinzufügen.
Fragen zur Auswertung bzw. Bewertung:	• Gibt es unterscheidbare Abschnitte und Phasen – welche Überschrift haben die? • Welche Konflikte haben das Team geprägt – wie wurden sie bearbeitet, wie wirken sie weiter? • Wann sind welche Personen dazugekommen, weggegangen – aus welchen Gründen, mit welchen Folgen? • Welche Ereignisse, Rituale, Gebräuche aus der Zeit des Beginns wirken heute noch nach, werden heute noch gepflegt? • Was konnte das Team im Laufe dieser Geschichte lernen und was nicht? • Zusammenfassung in Thesen.
Fragen zur Zukunft:	• Wie lässt sich die Geschichte weitererzählen? • Welche Lernschritte stehen an? • Welche Rituale oder Gebräuche passen nicht mehr? Wodurch könnten sie ersetzt werden? • Wie heißt die nächste Phase? • Wohin geht die Reise?
Alternativen:	Der Zustand des Teams, als ich dazukam? Beschreiben – Bild malen: • Was habe ich erlebt, wie war die Stimmung, wie die Anforderungen, an wem habe ich mich orientiert? Wer hatte was zu sagen? So entstehen Bilder aus unterschiedlichen Phasen der Teamgeschichte, die auf Gemeinsamkeiten und Unterschiede hin untersucht werden können.

4.2.2 Die Analyse der Normen

Die Arbeit an den Normen soll diese erst einmal zutage fördern und als wirksam sichtbar machen. Jedes Team ist auf solche unausgesprochenen Übereinkünfte angewiesen, schließlich kann man nicht immer alles neu aushandeln und vereinbaren. Sie dienen dem Schutz der Einzelnen und der Kontinuität der Gruppe vor zu vielen Verstörungen von außen. Sie sind vor allem dann hinderlich und blockierend, wenn sie untersagen, abweichende

Aufgabe:	Welche Regeln (explizit, vereinbart und oft von außen vorgegeben) und welche Normen (implizit, nicht vereinbart, aber wirksam und in der Zusammenarbeit entstanden) gibt es in Ihrem Team? Tragen Sie sie bitte zusammen, und erstellen Sie eine Liste. Die Wirkung geltender Normen merkt man besonders dann, wenn man sie übertritt – wenn man das Gefühl hat, etwas gesagt oder getan zu haben, das man besser gelassen hätte. Am besten sind Formulierungen mit »Du darfst, du sollst, du darfst, sollst nicht ...« Im Anschluss daran bewerten Sie bitte gemeinsam, ob die einzelnen Regeln und Normen für Ihre Zusammenarbeit im Team förderlich oder hinderlich sind oder beides gleichzeitig.
für:	eine oder mehrere Untergruppen des Teams.
Fragen zur Auswertung bzw. Bewertung:	• Welche Unterschiede zwischen den formal vereinbarten Regeln und den geltenden Normen gibt es? • Woher kommen die Normen, wer steht dafür? • Wovor schützen die Normen? Was soll damit vermieden werden? Was gefördert? • Welche Sanktionen gibt es? • Ist zu viel oder zu wenig geregelt? • Welche Tabus gibt es in der Gruppe? Woran darf keinesfalls gerührt werden? Worüber darf keinesfalls geredet werden? • Wie ist die Leitung geregelt? Stimmt die offizielle Regelung mit der Praxis überein? (Wer leitet wann, wie?)
Fragen zur Zukunft:	• Brauchen wir neue Regeln? Oder müssen Regeln abgeschafft werden? • Wie weisen wir uns darauf hin, dass hinderliche Normen wirksam sind? • In welchem Rahmen können Tabus, die die Arbeit beeinträchtigen, angesprochen werden?

und kritische Sichtweisen in das Team einzubringen. Vergleicht man Regeln und Normen, so wird die Spannung zwischen dem Offiziellen und dem Gültigen zumindest ein wenig sichtbar. Über die Wirkung von Tabus kann man sprechen, auch ohne sie zu brechen (s. Abschn. 3.3).

4.2.3 Die Analyse der Rollen

Teams sind darauf angewiesen, dass sich in ihnen unterschiedliche Rollen ausdifferenzieren; wenn sich alle weitgehend ähnlich verhalten würden, dann könnte sich kein dynamisches Kräftespiel entfalten. Es können z. B. nicht alle führen, es müssen auch einige sich führen lassen; wenn es nur Beobachter in Teams gibt, geht ebenso wenig voran, als wenn alle Vorschläge machen, ohne dass sich jemand darum kümmert, dass eine Entscheidung zustande kommt und Beschlüsse auch ausgeführt werden.

Rollen in Teams haben nur zum Teil mit den Persönlichkeitsmerkmalen der Mitglieder zu tun, zu einem großen Teil werden sie durch die besondere Konstellation im jeweiligen Team bedingt. Jeder füllt die Rolle aus, die zu ihm passt, die er gut kann und die in diesem Team gefragt ist oder deren Platz nicht besetzt ist.

Aufgabe für:	die einzelnen Teammitglieder: Selbstbeschreibung: • Meine typischen Verhaltensweisen in diesem Team? • Typische Haltung, Gesten, Sätze, Ausdrücke? • Was ermöglicht das dem Team? Was verhindert es im Team? • Was ermöglicht es mir, was erschwert es mir? • Welche Überschrift, welcher Titel beschreibt meine Rolle am besten?
Aufgabe für:	alle: • Vorstellung der verschiedenen Rollen im Team. • Nachfragen, Rückmeldungen und Wünsche zu den einzelnen Selbstbeschreibungen.

Fragen zur Auswertung bzw. Bewertung:	Fragestellungen über das individuelle Verhalten hinaus: • Welche Rollen sind gut besetzt, welche fehlen? • Gibt es Kritiker, Infragesteller, Nachfrager, solche, die Spannung erzeugen? • Gibt es Vermittler, Ausgleichende, Spannung Abbauende? • Beschleuniger und Verlangsamer? • Fragesteller und Antwortende? • Führende, Vorschlagende – Folgende und sich anschließende? • Schaut jemand auf die Ergebnisse – schaut jemand auf den Zusammenhalt? • Wer repräsentiert den belebenden Konflikt, die belebende Spannung des Teams? • Wie starr sind die Rollen verteilt?
Fragen zur Zukunft:	• Welche Funktionen brauchen eine Besetzung, weil niemand sie von sich aus einnimmt? • Wer könnte was ausprobieren?
Alternativen:	In Teams mit mehr als sechs Personen kann man die Selbstbeschreibung in Untergruppen anfertigen. Es sollen jeweils die zusammenarbeiten, die von sich sagen können: »Wir verhalten uns von den Anwesenden am ähnlichsten.« Wenn in Untergruppen gearbeitet wird, darf niemand alleine bleiben! Das würde zu einer unnötigen Isolierung führen.

4.3 Beobachten mit dem Interesse, zu verstehen

Ob Teamleiter, Teammitglied oder externe Beraterin – alle hören, sehen und verstehen. Alle verarbeiten die Daten zu Eindrücken und Annahmen, alle sind beteiligt, alle haben Gefühle – und seien es solche der Langeweile.

Diese Eindrücke und Empfindungen sind das Material, das dem Team hilft, seine Situation zu verstehen, und sie mitzuteilen – preiszugeben – ist der Weg, auf dem das Verständnis entsteht.

Allerdings bedürfen wir gerichteter Beobachtung, um aus der Flut von Daten, die wir wahrnehmen könnten, manche auszuwählen und andere zu vernachlässigen. Die Aufmerksamkeit richtet sich:

- nach innen – »Was empfinde ich in dieser Situation? Wie erlebe ich das Verhalten der anderen? Wie reagiere ich emotional auf das Geschehen?« (Selbstwahrnehmung);
- nach außen, auf die Teammitglieder und die Teamumwelt (Fremdwahrnehmung).

Ein Modell von Teamarbeit wie das von uns beschriebene hilft, die Wahrnehmung zu zentrieren. Vieles wird erst durch ein Modell im Kopf sichtbar. Wir können erst danach schauen, welche Ge- und Verbote im Team gelten, wenn wir uns das Team als ein soziales System vorstellen, in dem es Regeln und Normen gibt.

Beobachten im Team will geübt sein. Wer häufig ganz gezielt auf einen bestimmten Aspekt des Teamgeschehens achtet und dann die eigenen Beobachtungen mit der Wahrnehmung der anderen vergleicht, wird bald mehr sehen. So kann man zum Beispiel damit beginnen, einmal auf die Verteilung der Redezeit zu achten: Wer redet viel, wer sagt selten oder nie etwas, wer spricht nach wem, wer unterbricht wen, wer macht Vorschläge, wer unterstützt eher die Vorschläge anderer?

Zu den komplexeren Beobachtungsaufgaben gehört die Entdeckung kollektiver Muster. Jedes Team hat immer wiederkehrende, nahezu automatisierte Verhaltensabläufe, die es, in der Regel ohne es zu merken, in bestimmten Situationen praktiziert. Diese Muster sorgen für Stabilität – aber sie sorgen auch dafür, dass sich nichts ändert. Ein in vielen Teams praktiziertes Muster ist, Kritik oder Unzufriedenheit bei der offiziellen Sitzung zu verschweigen, sich dann aber im informellen Bereich, also zum Beispiel in der Teeküche, darüber zu beschweren, dass sich nichts ändere … Auf diese Weise erspart man sich eine Auseinandersetzung und hält sich an das Harmoniegebot (Lohn), sorgt aber gleichzeitig dafür, dass die unbefriedigende Situation bestehen bleibt (Preis). Solche kollektiven Muster brauchen Raum, sich zu entfalten und deutlich zu werden. Besonders eine von außen kommende Beratung tut gut daran, diese Muster nicht mit kleinteiligen Anweisungen am Auftauchen zu hindern. Denn erst, wenn sie sich zeigen, können sie entdeckt und besprochen werden.

Eine Beobachtung, mag sie auch noch so interessant oder zutreffend sein, kann im Team erst dann etwas bewirken, wenn sie mitgeteilt wird und wenn sie mit den Beobachtungen und der Sichtweise anderer verglichen wird. Erst dann beginnt der eigentliche Prozess einer gemeinsamen Analyse.

4.4 Etwas zur Sprache bringen

Beobachtungen, Eindrücke und persönliche Gefühle in einem Team zur Sprache zu bringen ist keine Selbstverständlichkeit.

Sie finden, die Zusammenarbeit könnte besser sein? Sie finden, die Chefin ist ungerecht? Sie langweilen sich während der Besprechungen? Sie finden, die Arbeitsteilung stimmt so nicht? Sie sind mit Ihrer Rolle unzufrieden? Na, dann bringen Sie das doch mal zur Sprache! Geben Sie eine offene Rückmeldung; schildern Sie Ihre Gefühle; fordern Sie eine Diskussion! Arbeiten Sie an einer Veränderung!

Wer hat andere nicht schon einmal dazu aufgefordert, wer hat so eine Aufforderung, das Problem zur Sprache zu bringen, nicht schon einmal selbst gehört! Leicht gesagt, aber oft schwer getan. Nicht nur Teammitglieder und -leiter, auch Berater zögern, Teamprobleme, die sie deutlich sehen, auch genauso deutlich anzusprechen.

Etwas zur Sprache zu bringen ist ein ambivalentes, ein riskantes und ein ängstigendes Projekt. Einerseits möchte man seinen Ärger loswerden oder seine Verbesserungsideen – andererseits hat man Angst vor den Folgen. Es ist immer auch riskant, etwas zu sagen, was andere nicht sagen. Vielleicht werde ich auf Ablehnung stoßen, überhört oder ausgelacht werden? Vielleicht werden andere mich kritisieren oder sich gegen mich zusammenschließen? Meine Beobachtungen werden möglicherweise für unwahr erklärt, Offensichtliches kann schlichtweg geleugnet werden. Dann steht man da, allein und blamiert.

Es gehört also Mut dazu, etwas zur Sprache zu bringen, denn man kann dadurch in eine Spannung zur Restgruppe geraten. Kein Wunder, dass wir zögern. Es gibt Themen, die tragen wir lange mit uns herum und warten auf den günstigen Augenblick, aber der will sich einfach nicht einstellen. Alle an der Teamarbeit Beteiligten, die Leiterin, die Mitglieder und auch Berater, stehen immer wieder neu vor der Entscheidung: Sage ich etwas, oder halte ich den Mund? Wie oft hören wir, wenn junge Kollegen und Kolleginnen in der Supervision von einem Team erzählen: »Ich glaube, die wollen gar nicht beraten werden!« Oder: »Den Zustand, den sie beklagen, halten sie selber aufrecht!« Auf die Rückfrage: »Haben Sie das mit denen mal besprochen?«, kommt oft ein erstauntes: »Nein.«

Man kann das Ansprechen von Beobachtungen und Schwierigkeiten üben – z. B. mit folgenden Schritten.

4.4.1 Den Entschluss fassen

Zuerst muss der Entschluss gefasst werden. In jedem Team gibt es thematische Grenzen. Wer neu in ein Team kommt, kennt diese Grenzen nicht. Zur Einarbeitung gehört auch, sie kennenzulernen.

Diese Grenzen sind wichtig; sie bieten Schutz und sorgen z. B. dafür, dass Menschen, die täglich miteinander arbeiten müssen, sich nicht ohne Not verletzen. Wenn sie aber verhindern, dass Missstände besprochen werden, dann ist der Preis für den Schutz sehr hoch, vielleicht zu hoch. Natürlich wird über die jeweiligen Probleme trotzdem gesprochen, aber nicht »öffentlich«, sondern informell, und häufig nicht direkt, sondern in Andeutungen, Spitzen oder Klagen. Nun sollen die Schwierigkeiten öffentlich werden.

Dazu müssen die thematischen Grenzen des Teams erweitert werden. Das ruft möglicherweise Widerstand hervor oder führt dazu, dass der Betreffende keine Anerkennung bekommt, sondern beschuldigt wird. Wer etwas zur Sprache bringt, was bisher nicht besprochen wurde oder werden konnte, verletzt ein Tabu. Tabubrecher werden bestraft. Oder sie betreten Neuland: Die Reaktion der anderen ist ungewiss. Beides macht Angst.

Die Angst lässt sich vermindern und das Risiko abschätzen:

- Wer sich Verbündete sucht und mit ihnen vorher spricht, bekommt ein Gefühl dafür, wie die Reaktion sein könnte. Und wenn man verabredet, sich in der Situation gegenseitig zu unterstützen, ist die Gefahr, ganz allein dazustehen, schon einmal gebannt.
- Ähnliches gilt für das Gespräch mit Außenstehenden. Sie als Teammitglied können einem Unbeteiligten »den Fall« vorstellen

und seine Einschätzung bekommen: Für wie groß hält er das Risiko? Ist Ihre Angst vor der großen Katastrophe verständlich und nachvollziehbar oder nicht?

Nicht nur Teams, auch Einzelpersonen haben thematische Grenzen, Dinge, über die sie nur schwer oder gar nicht sprechen können, jedenfalls nicht mit ihren Arbeitskollegen. Wer zögert, etwas Wichtiges zur Sprache zu bringen, sollte sich daher fragen: Um wessen Grenze handelt es sich? Hat sie womöglich gar nichts mit dem Team zu tun, sondern eher mit eigenen Ängsten? Ist es mir persönlich ungewohnt, über so ein Thema zu sprechen? Welche Erfahrungen habe ich damit? Gibt es Menschen, mit denen ich darüber sprechen könnte – oder fällt mir niemand ein?

4.4.2 Wann, wo, mit wem?

Mit dem Entschluss ist der erste Schritt getan. Die nächsten Fragen sind: Wann, wo und wem gegenüber soll das schwierige Thema angegangen werden?

Ein Thema sollte immer zunächst mit denen, die es direkt betrifft, besprochen werden. Wer einem Kollegen eine Rückmeldung geben möchte oder von der Chefin etwas fordern will, tut dies am besten unter vier Augen. Es geht die anderen nichts an, sondern es handelt sich um ein Thema zwischen Ihnen und einer anderen Person. Es im Team zu diskutieren erhöht die Verletzungsgefahr und vermindert meist die Bereitschaft der Angesprochenen, sich zu öffnen. Teamthemen dagegen gehören ins Team. Wenn sich immer keine Vertretung finden lässt, wenn Beschlüsse nicht umgesetzt werden oder die Atmosphäre nicht stimmt, dann sollte eine Diskussion unter allen Beteiligten angestoßen werden.

Ort und Zeit müssen passen. Gerade wenn ein Thema heikel ist und Angst macht, scheut man sich manchmal, ihm das gebührende Gewicht zu verleihen. Man spricht den Chef zwischen Tür und Angel darauf an, wann denn die Beförderung durchkommt – und ist dann unzufrieden damit, abgebürstet zu werden. »Ich hab's ja versucht«, kann man dann zur eigenen Rechtfertigung sagen, halb verärgert über die Reaktion, halb erleichtert darüber, dass es nicht zu einem Gespräch kam.

Jedes Thema braucht einen passenden Rahmen. Dazu gehören:

- der Zeitpunkt (sind Sie sich sicher?, haben Sie sich vorbereitet?, gibt es Beobachtungen oder Argumente, die Sie zur Hand haben sollten?)
- der Ort (besteht die Chance, dass Sie ungestört sprechen können?)
- die zur Verfügung stehende Zeit
- möglicherweise auch eine Vorankündigung, damit der Gesprächspartner sich nicht überfallen fühlt.

Ein wichtiges Thema muss so angesprochen werden, dass der oder die Gesprächspartner es auch wichtig nehmen können. Die Frage nach der Beförderung gehört in ein geplantes Vier-Augen-Gespräch mit dem Chef. Und Teamthemen gehören in die Teamsitzung, am besten mit der Ankündigung: »Ich möchte heute etwas besprechen, was uns alle angeht, und brauche dafür etwas Zeit.« Wer mit einem wichtigen Thema am Ende einer langen Besprechung herausrückt, wenn alle schon müde und genervt sind, sorgt so für einen Misserfolg. Je schwieriger das Thema, desto größer die Versuchung, es nebenbei anzusprechen oder das Ganze vielleicht doch aufs nächste Mal zu verschieben. Jeder, der schon einmal in einer Arbeitsgruppe gesessen hat mit dem Vorsatz, einen Missstand oder ein Problem endlich anzusprechen, weiß, wie Ambivalenz sich anfühlt.

4.4.3 Die richtigen Worte finden

Der Entschluss ist gefasst, Platz dafür ist geschaffen, nun geht es darum, die richtigen Worte zu finden.

Wie leise oder wie laut, wie scharf oder wie sanft – das ist eine Frage des persönlichen Stils. Wichtig ist: so klar wie möglich und so deutlich wie möglich. Klar heißt: geordnet, verständlich, mit Beobachtungen illustriert. Deutlich heißt: mit einer emotionalen Kontur versehen, mit der nötigen Kraft, dem nötigen Nachdruck. Warum sollten andere den Sprecher wichtiger nehmen, als er sich selbst nimmt? Wer findet, dass die anderen ihm immer Arbeit zuschieben, sollte das auch sagen. Es mag zwar verlockend sein, stattdessen die Kollegen zu fragen: Findet ihr eigentlich, dass die

Arbeit gerecht verteilt ist? Aber die Gefahr ist groß, dass der Frager darauf keine richtigen Antworten bekommt und dass die Aufmerksamkeit sich rasch anderen Themen zuwendet. Wer wirklich die Meinung der anderen hören will und sie erfragt, sollte selbst eine haben und mit der eigenen Einschätzung nicht hinter dem Berg halten.

4.4.4 Ein Thema erfolgreich setzen

Es kann natürlich passieren, dass andere ein Thema nicht aufnehmen, obwohl es klar auf dem Tisch liegt. Dann reicht es nicht, ein Problem deutlich auszusprechen, sondern man muss zusätzlich dafür zu sorgen, dass es diskutiert wird. Gruppen können Themen, die sie überhören möchten, auf vielfältige Weise untergehen lassen: Keiner geht darauf ein, und das Gespräch läuft weiter, oder die Sache wird mit der Bemerkung abgetan: »Daran gewöhnen Sie sich noch.« Vielleicht sagt auch ein Kollege: »Ja, das ist nicht so einfach« – und spricht dann von etwas anderem. Oder man winkt ab: »Haben wir alles schon versucht.« Das Team bewacht seine thematischen Grenzen und möchte sie halten.

Hier kommen Rolle und Status ins Spiel. Der Praktikant wird es schwerer haben, ein Thema zu setzen, als die Chefin. Einflussreiche Teammitglieder können sich leichter durchsetzen als Außenseiter oder Unbeliebte. Gewitzte verabreden sich vor der Sitzung mit einem anderen Teammitglied. Dann können sie sich gegenseitig unterstützen und dafür sorgen, dass ihr Thema nicht so schnell untergeht. In manchen Fällen gehört eine gute Portion Zähigkeit dazu. Fragen Sie die Kollegen, ob sie Ihre Meinung teilen, und geben Sie sich nicht gleich mit einer ausweichenden Antwort zufrieden.

Wenn es nicht gelingt, das Thema zu setzen und eine Diskussion darüber zu entfachen, dann kann das an der einbringenden Person liegen – aber es muss nicht so sein. Manche Themen sind so bedrohlich, dass sie vor lauter Angst nicht besprochen werden. Dann gelingt dies nur mit externer Unterstützung.

4.4.5 Wie beenden?

Nicht selten werden gerade heikle und schwierige Themen in einem Team ohne Ergebnis diskutiert. Eine rasche Lösung zeichnet sich nicht ab, und so sind alle irgendwann erschöpft und frustriert. Aber derjenige, der sich überwunden und die Debatte angestoßen hat, möchte natürlich, dass nicht alles umsonst war. Und auch alle anderen möchten die Diskussion nicht unter »vergeudete Zeit« abbuchen. Daher muss der Gesprächsstand gesichert werden, bevor man sich anderen Themen zuwendet oder auseinandergeht: »Wo stehen wir jetzt? Wie weit sind wir gekommen, und was steht noch an?« Manchmal werden Aufgaben verteilt oder Verabredungen getroffen, dann sollten diese noch einmal benannt werden. Manchmal werden Beschlüsse gefasst – sie müssen nicht nur gesichert, sondern ihre Wirkung sollte in absehbarer Zeit überprüft werden. Manchmal ist gar keine Lösung in Sicht, dann muss festgehalten und entschieden werden, was mit dem Problem geschehen soll. Und manchmal ging es nur darum, etwas auszusprechen oder zu bereinigen – zu dem Zweck, Spannungen zu mindern und die Atmosphäre zu klären. Dann ist zu fragen, ob das gelungen ist.

Zum Schluss können auch Fragen sinnvoll sein, die am leichtesten eine externe Beraterin stellen kann: Wie haben die Teammitglieder das Gespräch empfunden? Wurden die thematischen Grenzen erweitert? Werden zukünftige Gespräche dieser Art leichter sein?

4.4.6 Auch mal schweigen

Es ist gut und sinnvoll, dass über vieles in Teams geschwiegen wird. So müssen nicht alle über die eigene Stimmung, die private Situation, die aktuellen Freuden und Ärgernisse in der Arbeit informiert sein, soweit dies nichts mit der gemeinsamen Sache zu tun hat. Mehr vom anderen zu wissen erleichtert nicht automatisch die Zusammenarbeit. Teams sind keine Selbsterfahrungs- und Selbsthilfegruppen, in denen es darauf ankommt, viel von sich selbst mitzuteilen und sich möglichst nahezukommen. Überlastung und Druck in Teams können auch von der Innenwelt kommen, wenn man zu viel voneinander weiß und man deswegen zu Rücksichtnahmen verpflichtet wird, die über die Möglichkeiten des Teams hinausgehen. Von daher ist es wichtig, eine klare Einschätzung davon zu haben, was *nicht* ins Team gehört, was draußen bleiben soll, worüber geschwiegen wird.

In konfliktreichen, spannungsgeladenen Situationen kann Schweigen und Abwarten eine sehr gute Intervention sein. Schweigend die herrschende Spannung eine Zeit lang auszuhalten trägt manchmal mehr zur Klärung bei, als sie schnell mit vielen Worten zu übertünchen und wegzureden. Gerade Teamleitungen sollten nicht jede noch so kleine Schweigezeit mit ihren Worten füllen. Wer will, dass sich möglichst viele redend beteiligen, der kann mit seinem Schweigen Platz dafür schaffen.

Auf der anderen Seite sorgen Unterbrechungen im Reden wie Pausen, Zeiten zum Nachdenken, der Beschluss, morgen weiter darüber zu reden, für die Möglichkeit, sich zu entspannen und distanzieren zu können.

4.5 Wie lernt ein Team Reflexion und Selbststeuerung?

In den Fallbeschreibungen haben wir versucht, die jeweiligen Konflikte und Situationen unter neuen, für das Alltagsverständnis vielleicht ungewöhnlichen Perspektiven zu betrachten und zu reflektieren. Die jeweilige Weise des Verstehens soll helfen, den Konflikt zu bearbeiten und die Ordnung des Teams zu verändern.

In diesem Abschnitt greifen wir das Thema *Reflexion und Selbststeuerung* unter einem anderen, etwas abstrakteren Gesichtspunkt auf, nämlich unter der Frage: Wie lernen Teams, zu reflektieren und sich selbst zu steuern, an welche Grenzen stoßen sie, und welche Unterstützung brauchen sie dabei?

Die Idee, dass ein Team sich selbst steuert, gründet auf dem Gedanken, dass es aus den gemachten Erfahrungen dann klug werden kann, wenn es diese systematisch auswertet und Schlüsse für die weitere Arbeit daraus zieht. Selbststeuerung ist ein Konzept, das gut klingt, weil es Freiheit und Selbstbestimmung im Arbeitsleben verspricht, es stellt aber hohe Anforderungen an die Beteiligten. Von den Einzelnen wird die Fähigkeit und die Bereitschaft verlangt, sich kritisch mit der gemeinsamen Arbeit und Zusammenarbeit auseinanderzusetzen, Verantwortung zu übernehmen und sich zu trauen, die eigenen Meinungen und Beobachtungen den anderen zur Verfügung zu stellen (s. Abschn. 4.3).

4.5.1 Das Schleifenmodell der Selbststeuerung

Von Teams wird verlangt, dass sie ihren Gestaltungsspielraum nutzen und ihre Arbeit steuern können. Diese Fähigkeit muss auf der Ebene des Teams entwickelt werden. Um zu verdeutlichen und zu konkretisieren, was darunter verstanden werden kann, stellen wir das sogenannte Schleifenmodell vor (vgl. Schmidt 1993, S. 89 ff.; Schattenhofer 2009a, S. 449). Mit ihm lassen sich verschiedene Aspekte der Selbststeuerung zusammenfassen und übersichtlich darstellen. (Vgl. auch das Modell des Teamlernens von Oertel u. Antoni 2013, in dem eine ähnliche Abfolge beschrieben wird.)

Das Modell unterscheidet zwischen drei verschiedenen Arbeitsschritten (s. Abb. 10).

planen, sich orientieren,   handeln, ausführen   reflektieren, auswerten,
entscheiden   Konsequenzen ziehen

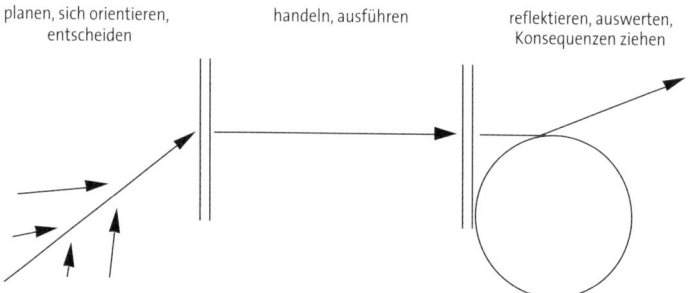

Abb. 10: Das Schleifenmodell der Selbststeuerung

Es kommt darauf an, dass in einem Team die drei Arbeitsschritte in ihrer Abfolge und ihrer methodischen Gestaltung regelmäßig in größeren und kleineren Abständen durchlaufen. Je besser das gelingt, desto lernfähiger wird das Team. »Working the loop« nennt das T. M. Mills (1978), ein Soziologe, der sich als einer der Ersten mit der Lernfähigkeit von Gruppen beschäftigt hat. Wie die Lernfähigkeit von Teams beeinträchtigt wird, wenn einzelne Phasen ausgelassen werden, zeigen Teams, die überwiegend:

- sich orientieren, planen und entscheiden, aber nichts umsetzen – sie leisten nichts oder zu wenig;

- handeln und ausführen – sie tun immer dasselbe und können nicht auf Veränderungen reagieren;
- reflektieren – sie werten zwar ihre Ergebnisse aus, aber ohne Konsequenzen für die weitere Arbeit.

Damit ist der Prozess der Selbststeuerung beschrieben, aber das Modell braucht noch eine weitere Dimension, damit erfasst werden kann, was eigentlich geplant, ausgeführt und reflektiert werden soll. Reflexion und Steuerung finden nicht an sich, sondern immer in Bezug auf eine Vorstellung davon statt, wie es zu guten Arbeitsergebnissen und zu einer guten Zusammenarbeit kommen kann. Es braucht also ein Modell, an dem die Reflektierenden und Steuernden sich orientieren. Und hier schließt sich der Kreis: Das Modell sollte so komplex sein, dass neben den Aufgaben auch die Zusammenarbeit darin eine Rolle spielt.

Es könnte dem Modell ähneln, das wir in diesem Buch vorstellen: Hier sind alle Verstehensfolien aufgeführt, die man bei der Reflexion von Teamarbeit in den Blick nehmen kann, um die Ordnung eines Teams zu verstehen und weiterzuentwickeln.

1) *Die Aufgaben*: Produkte, Dienstleistungen
   - Erreicht das Team die (widersprüchlichen) Ziele?
   - Welche Rückmeldungen kommen von den Kunden bzw. Klienten?
   - Welche neuen Anforderungen werden an die Arbeit des Teams gestellt?
   - Verfügt das Team über genügend Ressourcen (zeitlich, personell, Sachmittel)?
   - Wie hoch ist der Druck auf das Team?
2) *Die Zusammenarbeit*: Aufgabenverteilung, Regeln, Normen, Rollen
   - Sind die Aufgaben sinnvoll und gerecht verteilt?
   - Wie sind Leitungsaufgaben verteilt? Übernehmen die Teammitglieder genügend Verantwortung?
   - Die Rolle der formalen Leitung – wie wird sie ausgefüllt?
   - Wie effektiv sind die Besprechungen?
   - Stimmt die Balance zwischen den formellen und informellen Regeln und Normen?

- Welche Konflikte und Gegensätze müssen balanciert werden? Gibt es Stellvertreterkonflikte?
- Ist zu viel oder zu wenig geregelt?
- Wie werden neue Mitglieder aufgenommen und eingearbeitet?
- Wie wirkt die Geschichte des Teams in die Gegenwart – welche Traditionen passen, welche nicht mehr?
- In welcher Phase der Zusammenarbeit ist das Team?

3) *Die Teammitglieder*:

- Welche Professionen mit unterschiedlichen Vorstellungen von guter Arbeit treffen aufeinander?
- Wie zufrieden sind die Einzelnen mit ihrer Position, mit ihrem Einfluss im Team?
- Finden sie ihren Erwartungen entsprechend Gehör, Resonanz bei den anderen?
- Wird ihr Beitrag geschätzt?
- Welches Verhalten, welche Arbeitsweisen der Einzelnen sind für die anderen Teammitglieder förderlich, welche hinderlich?
- Wer ist der Sündenbock? Was wird bei ihm abgeladen?

Nach diesem Modell von Reflexion und Selbststeuerung in der Teamarbeit kommt es auch darauf an, wie »tief« ein Team die eigene Arbeit auswertet. Die Zusammenarbeit kann nur weiterentwickelt werden, wenn sie nicht tabuisiert und als unveränderbar angesehen wird. Teams können ihre Arbeit daraufhin untersuchen, ob die drei Arbeitsschritte der Selbststeuerung regelmäßig in ihrer Praxis vorkommen und ob dabei jeweils Fragen aus den drei Funktionsbereichen behandelt werden. Das ermöglicht eine Einschätzung, in welcher Qualität sich ein Team selbst steuert und welche Fragen und Schritte die Qualität der Reflexion verbessern könnten.

Unserer Erfahrung nach bleiben in vielen Teams Reflexion und Steuerung auf den Bereich der Aufgaben begrenzt. Darauf deuten auch die Ergebnisse der Gruppenforschung zu diesem Thema hin.

4.5.2 Die Wirkung von Reflexion – Forschungsergebnisse

Die Gruppendynamik als Methode des Trainings sozialer Kompetenzen versteht die Gruppe schon längere Zeit als ein reflexives

Sozialsystem, in dem soziale Prozesse der Vergemeinschaftung erlebt und reflektiert werden können (vgl. König 2004, S. 11 ff.). Mit den meist qualitativen Forschungsansätzen konnten die Reflexionsprozesse zwar beschrieben werden, die Wirkungsanalyse blieb aber immer auf einzelne Fallstudien begrenzt. So ist die Frage immer noch offen: Reflexion ist in experimentellen gruppendynamischen Trainingsgruppen eine interessante Erfahrung und ermöglicht soziales Lernen – aber was bringt sie realen Gruppen wie Teams? Streut Reflexion unter realen Arbeitsbedingungen nicht eher Sand ins Getriebe und unterbricht das Arbeiten, ohne dass die Zusammenarbeit erleichtert und die Arbeitsergebnisse verbessert werden?

Seit Ende der 90er-Jahre des letzten Jahrhunderts hat die empirische, eher quantitativ orientierte Gruppenforschung das Thema aufgegriffen, und es sind einige interessante Studien dazu erschienen (zusammenfassend Stumpf, Klaus u. Süßmuth 2003). Es wurde untersucht, ob die »Reflexivität« eines Teams, also das gemeinsame Nachdenken und Reden über die Arbeit, seine Leistung verbessert.

Eine sehr praxisnahe Studie haben Susan Carter und Michael West (1998) an 19 BBC-TV-Produktionsteams durchgeführt. Diese Teams hatten komplexe und vieldeutige Aufgaben – Beiträge für das Fernsehen herzustellen – bei gleichzeitig großer Autonomie in der Gestaltung ihrer Arbeit. Es konnte festgestellt werden, dass die Teams, die einen höheren Grad an Reflexivität – gemessen mit einem Fragebogen – aufwiesen, in den Augen von Auftraggebern und Zuschauern zu besseren Ergebnissen kamen als solche, deren Reflexivität wenig ausgeprägt war. Zu ähnlichen Ergebnissen kamen Michaela Schippers und Kollegen (2005) bei der Untersuchung von 59 Schulleitungsteams. Im betreffenden Fragebogen wurde zwischen aufgabenbezogener Reflexion und prozess- oder zusammenarbeitsbezogener Reflexion unterschieden. Die aufgabenbezogene Reflexion (s. S. 111, Punkt 1) war in allen Fällen besser ausgeprägt und konnte leichter praktiziert werden, die soziale Reflexion (s. S. 111, Punkt 1 und 2) war weniger ausgeprägt.

Dieses Ergebnis entspricht den Ergebnissen einer qualitativen Studie an 13 realen Gruppen mit großem Spielraum zur Selbststeuerung: Alle aufgabenbezogenen Themen waren leicht der Reflexion zugänglich. Die Zusammenarbeit wurde erst dann reflektiert, wenn Krisen und Konflikte dazu einen dringenden Anlass gaben (Schattenhofer 1992, 2009a, S. 457 ff.). Vorher blieben alle Fragen der Zusammenarbeit aus dem formellen Gespräch in den Gruppen ausgeklammert.

Verschiedene experimentelle Studien mit kurzfristigen Problemlösegruppen (zusammenfassend Stempfle 2004) kommen zum Ergebnis, dass Gruppen, die sich zunächst ausführlich mit dem Problem und dann erst mit Lösungen beschäftigen, zu besseren Ergebnissen gelangen. Auch das lässt sich als Hinweis auf die Wirksamkeit von Reflexion interpretieren.

Wenn die Ergebnisse auch kein eindeutiges Verständnis von Reflexion und ihrer Wirkung ergeben, so stützen sie die Annahme, dass sich mit regelmäßigen Auswertungsschleifen in Teams mit hoher Autonomie und komplexen Aufgaben die Ergebnisse der Arbeit und die Zufriedenheit der Mitglieder verbessern lassen.

4.6 Wann braucht ein Team Hilfe von außen?

Nicht jedes Team hat den gleichen Reflexionsbedarf, nicht jedes Team benötigt regelmäßig Beratung und Unterstützung von außen. Vor allem Teams mit komplexen und nicht standardisierten Aufgaben, die längerfristig zusammenarbeiten und einen großen Gestaltungsspielraum haben (s. Abschn. 2.5), müssen sich ausgiebig damit beschäftigen, was sie tun und wie sie zusammenarbeiten. In Abschnitt 4.1 dieses Kapitels wurde bereits die Art der Unterstützung beschrieben, die Teams bei der »Selbstuntersuchung« brauchen, nämlich bei der Entwicklung neuer Sichtweisen und bei der Erarbeitung einer gemeinsamen Analyse der Situation mit allen Beteiligten. Im folgenden Abschnitt geht es darum, wann eine solche Unterstützung von außen kommen sollte und wie sie gestaltet werden kann.

Wie die Fallbeispiele gezeigt haben, ist Teamarbeit eine anspruchsvolle Aufgabe, die nicht automatisch von den Beteiligten im Rahmen der »normalen« Arbeit miterledigt wird. Ein Team muss gepflegt werden, und es braucht Aufmerksamkeit wie andere Arbeitsmittel auch. Deswegen sollten sich Teams regelmäßig die Zeit und den Raum nehmen, um sich mit sich selbst zu beschäftigen. Solche Gelegenheiten ergeben sich beispielsweise in einer regelmäßigen Reflexions- und Planungsklausur, zu Beginn und nach Abschluss von einzelnen Projekten, am Ende von längeren Besprechungen. Hier kann der Platz geschaffen werden, etwas zur Sprache zu bringen, was nicht in den normalen Arbeitsalltag passt. Der Einzelne kann sich dann auf feste Gelegenheiten, die eigenen Anliegen und Beobachtungen einzubringen, verlassen und muss sie nicht erst selbst schaffen.

Es gibt (mindestens) drei Gründe und Anlässe, zu diesen Reflexionsgelegenheiten jemanden von außen hinzuzuziehen. Es sind die folgenden.

4.6.1 Das Team in der Krise

Das Team ist in einer Krise, im Umbruch; die Phase der guten Zusammenarbeit, des Zusammenschlusses geht zu Ende; bisher balancierte Konflikte und von außen ins Team gebrachte Spannungen werden zu scharfen Gegensätzen, und das Team polarisiert sich. Alle, auch die scheinbar Unbeteiligten, sind in Krisen oft in einem Ausmaß emotional verwickelt, das für Außenstehende schwer nachvollziehbar ist. Auf einmal wird hinter dem Gemeinsamen und Gelingenden das Trennende und Schwierige sichtbar; all das, worüber man lange Zeit großzügig hinwegsehen konnte, kommt auf einmal zum Vorschein.

In solchen Situationen sollte den Beteiligten klar sein, dass sie ohne neutralen Dritten nicht an einer Klärung arbeiten können, ohne jemanden, der einen geeigneten Raum und Ablauf für die Bearbeitung des Konflikts schafft.

Die meisten der Fälle, die wir hier vorgestellt haben, beschreiben solche Krisen, bei denen das Team Beratung von außen in Anspruch genommen hat. Sie gehören zu Organisationskulturen, in denen Supervision oder Coaching zur Unterstützung von Teamarbeit angeboten wird. Viele Teams oder Vorgesetzte warten trotzdem zu lange, bis sie die Unterstützung in Anspruch nehmen. Es ist wichtig, dass die Beratung auf unkomplizierte Weise zur Verfügung steht, wenn sie gebraucht wird. Meist ist eine längere Begleitung des Teams nötig, damit man zu einer neuen, besser passenden Ordnung findet, sie ausprobieren und überprüfen kann. Einmalige, punktuelle Maßnahmen bewirken hier nichts.

4.6.2 Regelmäßige Teampflege

Der thematische Raum, den Teams in aller Regel für Reflexion zur Verfügung haben, ist auf die Aufgabe begrenzt (s. Abschn. 4.5). Über die Zusammenarbeit reflektiert man nur dann, wenn Konflikte und Spannungen dazu einen Anlass geben. Um dieses Dampfkesselprinzip abzumildern, schaffen sich manche Teams künstliche Krisen, bei denen mit externer Beratung und Unterstützung der Frieden auf seine Tragfähigkeit hin untersucht wird. Externe Beobachter und Berater tun sich leichter, das Team mit Seiten zu konfrontieren, die die Beteiligten nicht sehen wollen oder können. Sie sind unabhängiger und können sich mehr erlauben. Bei solchen längerfristigen Beratungsbeziehungen ist deswegen wichtig, dass die Berater ihre Unabhängigkeit bewahren und nicht zu sehr Teil des Teams werden.

4.6.3 Unterstützung und Entlastung für die Leitung

Eine weitere wichtige Funktion externer Berater ist die Entlastung der Leitung. Der Teamleiter muss einerseits an der Reflexion teilnehmen und sie anderseits zugleich leiten. In ihrer Gleichzeitigkeit sind diese Aufgaben oft eine Überforderung: Die eine Rolle macht es nötig, Stellung zu nehmen, Position zu beziehen, kritische Rückmeldungen zu geben, also parteilich zu sein im Sinne des Auftrags; die andere Rolle, die der Leitung der Reflexion, setzt Neutralität in allen Meinungen voraus. Leitungen können sich deutlicher mit ihren Teammitgliedern auseinandersetzen, wenn ihnen jemand die Leitung der Auseinandersetzung abnimmt. Ebenso kann die eigene Leitungsrolle leichter reflektiert werden, wenn man nicht zugleich darauf achten muss, wie die Reflexion gestaltet wird.

Insofern Teamleiter dies nicht als Entmachtung und Konkurrenz erleben und die Berater der Versuchung widerstehen, als die besseren Teamleiter aufzutreten, kann die Rolle des externen Beraters neben der Entlastung auch zur Profilierung der Leitungsrolle beitragen.

Beratung von Teams in Organisationen wird unterschiedlich benannt: In sozialen Organisationen und der öffentlichen Verwaltung spricht man überwiegend von Teamsupervision, in der Wirtschaft von Teamcoaching, oft wird der Begriff Teamentwicklung gebraucht. Dahinter verbirgt sich ein breiter Fächer an Konzepten und Methoden, und es ist nicht leicht, das Angebot zu überschauen und daraus auszuwählen.

Teams können sich bei der Auswahl ihrer Berater an folgenden Kriterien orientieren.

Berater sollen, was ihre institutionelle Einbindung anbetrifft:

- unabhängig von allen Beteiligten sein, ihnen also nicht dienstlich unterstellt oder auf andere Weise mit Einzelnen verbunden
- vom Auftraggeber, der Leitung des Teams und den Teammitgliedern gewollt oder zumindest akzeptiert sein; der Beratungskontrakt sollte mit allen Beteiligten, der Leitung und den Mitgliedern geschlossen werden.

Berater sollen, was ihre Qualifikation anbetrifft:

- eigene Erfahrungen in Teamarbeit haben
- ein Modell von Teamarbeit haben, in dem das soziale System Team im Kontext der Organisation sichtbar wird und nicht nur einzelne Teile davon
- über soziale Kompetenzen verfügen, die es ihnen vor allem ermöglichen, Spannungen auszuhalten, dem Druck von Gruppen zu widerstehen und ungewöhnliche Perspektiven so einzubringen, dass sie von den Beteiligten akzeptiert werden können
- über eine Beratungskompetenz verfügen, die es ihnen erlaubt, Reflexionsprozesse in Teams zu gestalten und zu begleiten; sie kann im Rahmen einer Weiterbildung zum Supervisor (z. B. von der DGSv anerkannt – der Deutschen Gesellschaft für Supervision) und/oder einer gruppendynamischen Weiterbildung (z. B. Leiten und Beraten von Gruppen bei der DGGO – der Deutschen Gesellschaft für Gruppendynamik und Organisationsdynamik) erworben worden sein. (Weitere Informationen finden sich unter www.dgsv.de, www.dggo.de und unter www.tops-ev.de [2.2.2015].)

5 Wie lernt man Teamarbeit?

Die Fähigkeit, gut und erfolgreich zusammenzuarbeiten, ist weder dem Einzelnen noch dem Team in die Wiege gelegt. Sie kann erlernt und trainiert werden. Dabei ist es sinnvoll, Lernprozesse des ganzen Teams vom Lernen des Einzelnen zu unterscheiden.

Das Team muss lernen, mit der Aufgabe und miteinander zurechtzukommen. Dieser Lernprozess ist von jedem Team, das zu arbeiten beginnt, neu zu leisten. Kein Team kann die Phase der Formierung überspringen und gleich mit der guten Zusammenarbeit beginnen. Auch wenn die einzelnen Teammitglieder bereits in Teamarbeit erfahren sind, fehlen die gemeinsamen Erfahrungen der Beteiligten. Viele Untersuchungen über die Leistungsfähigkeit von Teams weisen auf die große Bedeutung gemeinsamer Arbeitserfahrungen hin (vgl. Edding 2010b). Für ein Team bedeutet »Teamarbeit lernen« daher, solche Arbeitserfahrungen zu machen, sie auszuwerten und so die weitere Zusammenarbeit zu verbessern – also reflexiv zu werden. Das war das zentrale Thema dieses Buches.

Es kann aber auch der Einzelne lernen. Teamarbeit erfordert besondere, vor allem soziale Kompetenzen, die nicht selbstverständlich vorausgesetzt werden können. Wie können also Einzelne Teamarbeit lernen? Das ist das Thema dieses letzten Kapitels.

5.1 Im Team arbeiten und aus den Erfahrungen lernen

Die erste Antwort darauf, wie Einzelne Teamarbeit lernen können, lautet: nicht nur aus Büchern. Bücher können dabei helfen, so wie wir hoffen, dass dieses Buch hilft. Ein Teammodell kann man studieren, man kann es als Anregung nehmen, die eigenen Vorstellungen von Teamarbeit zu prüfen und vielleicht zu erweitern. Die Beschäftigung mit eigenen und fremden Teammodellen hilft dabei, bestimmte Aspekte einer Teamsituation überhaupt erst zu sehen, denn wir nehmen nur wahr, was wir auch benennen können. Probleme, kritische Phasen und schwierige Konstellationen kann man in Fallgeschichten kennenlernen. Vielleicht kommt einem dann manches schon vertraut vor, wenn es sich im Alltag ereignet. Modelle erleichtern das Sehen und das Verstehen, indem sie die Aufmerksamkeit richten. Sie geben dem Handeln ein orientierendes Geländer. Das Tun ist jedoch nicht nur Resultat von Informationsverarbeitung und erschöpft sich nicht in dem Befolgen von Regeln. Handeln lernen wir durch Handeln, durch Ausprobieren und dadurch, dass wir die Folgen des Handelns erleben. Soziales Handeln – und darum geht es bei der Zusammenarbeit – lernen Sie, wenn Sie sich in sozialen Situationen verhalten und die Folgen studieren.

Soziales Verhalten lässt sich (in Grenzen) einüben und verändern. Wer dabei auf einige Bedingungen achtet, hat es leichter.

Wer sich im eigenen Team anders verhalten möchte, kann sich an unserem Schleifenmodell orientieren: planen, handeln reflektieren.

Planen: Erfolgreiche Zusammenarbeit entsteht aus vielen Verhaltenselementen. Für ein Veränderungsprojekt sind verkraftbare Schritte wichtig. Nehmen Sie sich ein konkretes Verhalten vor – Sie wollen einen Kollegen um Rückmeldung bitten; Sie sagen beim nächsten Teamtreffen deutlich Ihre Meinung. Oder, komplexer, Sie planen, im Team eine Diskussion über die Qualität der Zusammenarbeit anzuregen.

Handeln: Auch wenn die Vorstellung, den Kollegen um Rückmeldung zu bitten, ängstigend ist – er könnte ja Nein sagen oder ein Feedback geben, das kränkt –, ohne Ausprobieren geht es nicht.

Reflektieren: Die Auswertung ist wichtig – und die macht man am besten nicht allein. Natürlich kann jeder selbst über sein Handeln und dessen Folgen nachdenken, aber mehr erfährt, wer andere fragt. Was hat geklappt, was nicht, woran könnte es gelegen haben, wie hat das Verhalten auf die anderen gewirkt? Und welche Konsequenzen lassen sich daraus ziehen?

Dabei kann es nützen, sich Unterstützung von einem Coach oder Supervisor zu holen, mit dessen Hilfe Sie die erlebten problematischen Situationen analysieren, Handlungsmöglichkeiten entwickeln und ihre Folgen wiederum auswerten.

5.2 In geschützten Situationen die eigene Wirkung erfahren und Neues ausprobieren

Im eigenen Team hat das Ausprobieren seine Grenzen. Es ist riskant, weil die Experimente unerwünschte Folgen haben können und die Beteiligten auch nach dem Experiment noch zusammenarbeiten sollen. Möglicherweise lassen die Kollegen auch kein anderes Verhalten zu und halten die Experimentierenden in ihrer alten Rolle fest.

Zeitlich begrenzte Lerngruppen, in denen Menschen zusammenkommen, deren beruflicher Erfolg nicht voneinander abhängt, bieten mehr Schutz als das eigene Team.

Gruppensupervisionen und kollegiale Beratungen eignen sich gut zum Lernen von Teamarbeit. Einzelne Teilnehmer stellen problematische Situationen aus ihren Teams vor. Diese werden gemeinsam untersucht, indem man sich mit den verschiedenen Beteiligten und der Teamsituation identifiziert (»Wie ginge es mir als …?«) und so versucht, sich ein Bild von der wirksamen, aber unsichtbaren Ordnung zu machen. Der Aufbau unserer Fallbeschreibungen in diesem Buch ähnelt dem Verlauf einer solchen Beratung: Darstellen der Situation, Nachfragen, verschiedene Verstehenszugänge entwickeln, sich für eine entscheiden und, darauf aufbauend, Handlungsperspektiven entwerfen. So lernt man nicht nur an den eigenen, sondern auch an den Beispielen anderer. Das Studium konkreter Einzelfälle hat sich gegenüber allgemeinen Tipps und Handlungsanweisungen als wirkungsvoller erwiesen. Nicht zuletzt ist auch die gegenseitige Beratung in der Gruppe eine kooperative Leistung, zu der jeder mehr oder weniger beiträgt. Und wer von den anderen Feedback zum eigenen Verhalten haben möchte, wird es sicherlich bekommen. In der Gruppensupervision geschieht das unter Anleitung einer Supervisorin, in der kollegialen Beratung selbst gesteuert. Letzteres setzt Erfahrung in der Methode voraus (zur Methode ausführlich Weigand 2009).

Eine besondere Art von Gruppe wurde speziell für das soziale Lernen von Erwachsenen erfunden: die gruppendynamische Trainingsgruppe. Es ist eine experimentelle Gruppe, die die Aufgabe hat, sich selbst bei ihrer Entstehung zu erforschen. Die Trainingsgruppe wird von dafür ausgebildeten Trainern und Trainerinnen begleitet, und im Spannungsfeld von Herausforderung und Verunsicherung auf der einen und Unterstützung und Schutz auf der anderen Seite werden soziale Kompetenzen »trainiert«, die für Teamarbeit von großer Bedeutung sind:

Sich selbst und andere wahrnehmen: Feedback ist die zentrale Methode in der Trainingsgruppe. Über das Geben und Nehmen von Feedback wird es möglich, die eigene Wahrnehmung mit der der anderen zu vergleichen.

Sich trauen und mitteilen – Spontaneität und Ausdrucksfähigkeit: In der Trainingsgruppe können Sie lernen und üben, das, was Sie sehen, auch angemessen zu kommunizieren. Das erfordert Mut und eine sorgfältige Sprache.

Die Rolle wechseln: Teams leben davon, dass nicht jede und jeder ein für alle Mal die gleiche Rolle (zurückhaltender Beobachter, antreibende Führerin, ausgleichender Vermittler …) innehat, sondern auch mal andere Rollen einnehmen kann, wenn die Situation es erfordert. In der Trainingsgruppe können Sie neue Seiten an sich entdecken und ausprobieren.

Belastbarkeit: In Gruppen und Teams kann man sich Spannungen, Konflikten und dem Druck der Gruppe nicht einfach entziehen und »aus dem Feld« gehen, wenn es emotional wird. So brauchen Teamarbeiter die Erfahrung, dass sie emotional belastende Situationen aushalten können, auch wenn sie nicht sofort einen Vorschlag parat haben, der das anstehende Problem löst, dass sie aber auch ihre Grenzen kennen.

Das Team als Ganzes wahrnehmen: Zur erfolgreichen Teamarbeit gehört die Fähigkeit, nicht nur auf einzelne Personen zu schauen, sondern das ganze soziale System Team mit seinem Klima, seinen Eigenheiten, seiner Rollenverteilung usw. zu sehen. Das gelingt, wenn man lernt, zwischen Engagement – sich einmischen – und Distanz – das Ganze in den Blick nehmen – zu wechseln.

An diesen Fähigkeiten kann man im geschützten, aber offenen Raum eines gruppendynamischen Trainings arbeiten. Die Lernziele sind ausführlich beschrieben in der *Einführung in die Gruppendynamik* (König u. Schattenhofer 2014, S. 103–108); in diesem Band findet sich auch eine Darstellung der gruppendynamischen Trainingsgruppe und ihrer Geschichte. Zu verschiedenen anderen Formen des sozialen Lernens in Gruppen schreibt Klaus Brosius (2009).

Natürlich ist das, was in der »Laborsituation« der Trainingsgruppe ausprobiert wird, nicht einfach in das eigene Team zu übertragen. Hier zeigt sich die Verwobenheit von individuellem Lernen und Teamlernen: Es bedarf des Einzelnen, der entschlossen etwas zur Sprache bringt, zum Beispiel, weil er in der Trainingsgruppe die Erfahrung gemacht hat, dass es nützt, sich über schwierige Themen zu verständigen.

Damit setzt der Einzelne einen wichtigen Impuls. Er ist aber nicht allein für den Erfolg seiner Aktion verantwortlich. Es bedarf der Bereitschaft des Teams, diesen Impuls aufzunehmen, zu verfolgen und für die eigene Entwicklung fruchtbar zu machen.

Literatur

Antons, K. (2009): Die dunkle Seite von Gruppen. In: C. Edding u. K. Schattenhofer (Hrsg.): Handbuch Alles über Gruppen. Theorie, Anwendung, Praxis. Weinheim (Beltz), S. 324–355.

Antons, K. (2011): Praxis der Gruppendynamik. Übungen und Techniken. Göttingen (Hogrefe), 9. Aufl.

Antons, K., A. Amann, G. Clausen, O. König u. K. Schattenhofer (2004): Gruppenprozesse verstehen – Gruppendynamische Forschung und Praxis. Wiesbaden (VS), 2. Aufl.

Arrow, H., J. E. McGrath a. J. Berdahl (2000): Small groups as complex systems – Formation, coordination, development, adaptation. Thousand Oaks/London/New Delhi (Sage).

Bavelas, A. (1951): Communication patterns in task orientied groups. In: D. Learner a. H. D. Lasswell (eds.): The policy sciences. Stanford (Stanford University), pp. 193–202.

Brosius, K. (2009): Soziales Lernen in Gruppen. In: C. Edding u. K. Schattenhofer (Hrsg.): Handbuch Alles über Gruppen. Theorie, Anwendung, Praxis. Weinheim (Beltz), S. 228–285.

Buchinger, K. (2004): Gruppenarbeit und Teamarbeit in Organisationen. Ideologie und Realität. In: O. Velmerig, K. Schattenhofer u. C. Schrapper (Hrsg.): Teamarbeit. Konzepte und Erfahrungen – Eine gruppendynamische Zwischenbilanz. Weinheim (Juventa), S. 210–266.

Carter, S. a. M. West (1998): Reflexivity, effectiveness, and mental health in BBC-TV production teams. *Small Group Research* 29: 583–601.

Doppler, K. u. B. Voigt (2012): Feel the Change! Wie erfolgreiche Change-Manager Emotionen steuern. Frankfurt a. M. (Campus)

Edding, C. (2009a): Kleingruppenforschung – Geschichte, aktueller Stand, Bedeutung für die Praxis. In: C. Edding u. K. Schattenhofer (Hrsg.): Handbuch Alles über Gruppen. Theorie, Anwendung, Praxis. Weinheim (Beltz), S. 47–83.

Edding, C. (2009b): Die Umwelt von Gruppen – Kontextorientierung und Kontextsteuerung. In: C. Edding u. K. Schattenhofer (Hrsg.):

Handbuch Alles über Gruppen. Theorie, Anwendung, Praxis. Weinheim (Beltz), S. 464–500.

Edding, C. (2010): Teamstabilität und Teamleistung. Empirische Untersuchungen zu einem aktuellen Thema. In: M. Faßnacht, H. Kuhn u. C. Schrapper (Hrsg.): Organisation organisieren. Gruppendynamische Zugänge und Perspektiven für die Praxis. Weinheim (Juventa), S. 89–101.

Edding, C. (2013): Wann helfen wir einander? Befunde zur Bedeutung der Gruppenzugehörigkeit. *Gruppendynamik und Organisationsberatung:* 44, S. 25–36.

Edding, C. u. K. Schattenhofer (Hrsg.) (2009): Handbuch Alles über Gruppen. Theorie, Anwendung, Praxis. Weinheim (Beltz).

Edmondson, A. C., J. R. Dillon a. K. S. Roloff (2007): Three perspectives on team learning: Outcome improvement, task mastery, and group process. *The Academy of Management Annals* 1: 269–314.

Gersick, C. (1988): Time and transition in workteams: Toward a new model of group developement. *Academy of Management Journal* 31: 9–41.

Glasl, F. (2013): Konfliktmanagement. Ein Handbuch für Führungskräfte und Berater. Bern (Haupt)/Stuttgart (Freies Geistesleben), 11. Aufl.

Hackman, R. (1986): The design of work teams. In: J. Lorsch (ed.): Handbook of organizational behavior – HOB. Englewood Cliffs, NJ (Prentice-Hall), pp. 334–352.

Hackman, R. a. R. Wageman (2005): When and how group leaders matter. *Research in Organizational Behavior* 26: 37–74.

Homans, G. C. (2013): Theorie der sozialen Gruppe. Wiesbaden (VS Verlag für Sozialwissenschaften), 7. Aufl.

Ilgen, D. R., J. R. Hollenbeck, M. Johnson a. D. Jundt (2005): Teams in organizations: From IPO models to IMOI models. *Annual Review of Psychology* 56: 517–543.

Janis, I. L. (1982): Groupthink: Psychological studies of policy decisions. Boston (Houghton-Mifflin), 2. ed.

Knippenberg, D. van a. M. C. Schippers (2007): Work group diversity. *Annual Review of Psychology* 58: 515–541.

König, O. (2004): Gruppenprozesse verstehen: Qualitativer Ansatz und Mikroanalyse. In: K. Antons, A. Amann, G. Clausen, O. König u. K. Schattenhofer: Gruppenprozesse verstehen – Gruppendynamische Forschung und Praxis. Wiesbaden (VS).

König, O. (2007): Macht in Gruppen. Gruppendynamische Prozesse und Interventionen. Stuttgart (Pfeiffer), 4. Aufl.

König, O. u. K. Schattenhofer (2014): Einführung in die Gruppendynamik. Heidelberg (Carl-Auer), 6. Aufl.

Kuhn, H. (2009): Die Gruppe als Mittel zur Leistungssteigerung. In: C. Edding u. K. Schattenhofer (Hrsg.): Handbuch Alles über Gruppen. Theorie, Anwendung, Praxis. Weinheim (Beltz), S. 124–151.

Lacey, R. a. D. Gruenfield (1999): Unwrapping the work group. How extra-organizational context affects group behavior. In: R. Wageman (Hrsg.): Research on managing groups and teams. (Groups in Context, Vol. 2.) Bingley (Emerald), pp. 157–177.

Leavitt, H. (1951): Some effects of certain communication partners on group performance. *Journal of Abnormal and Social Psychology* 46: 38–50.

Mills, T. (1978): Seven steps in developing group awareness. *Journal of Personality and Social Systems* 1 (4): 15–29.

Morgan, G. (2008): Bilder der Organisation. Stuttgart (Klett-Cotta), 4. Aufl.

Neidhardt, F. (1979): Das innere System sozialer Gruppen. *Kölner Zeitschrift für Soziologie und Sozialpsychologie* 39: 639–660.

Oertel, R. u. C. H. Antoni (2013): Wann und wie lernen Teams? *Zeitschrift für Arbeits- und Organisationspsychologie* 57 (3): S. 132–144.

Paul, J. u. D. Grubert (o. J.): Das Projekt EDMOND. Audiovisuelle Medien als Katalysator für Kooperation. Verfügbar unter: http://www.vordenker.de/kooplernen/kooplernen.pdf [17.3.2012].

Pekruhl, U. (2000): Macht Gruppenarbeit glücklich? In: J. Nordhause-Janz u. U. Pekruhl (Hrsg.): Arbeiten in neuen Strukturen? Partizipation, Kooperation, Autonomie und Gruppenarbeit in Deutschland. München/Mehring (Rainer Hampp), S. 173–201.

Schattenhofer, K. (1992): Selbstorganisation und Gruppe. Entwicklungs- und Steuerungsprozesse in Gruppen. Opladen (Westdeutscher Verlag).

Schattenhofer, K. (2009a): Selbststeuerung von Gruppen. In: C. Edding u. K. Schattenhofer (Hrsg.): Handbuch Alles über Gruppen. Theorie, Anwendung, Praxis. Weinheim (Beltz), S. 437–466.

Schattenhofer K. (2009b): Was ist eine Gruppe? Verschiedene Sichtweisen und Unterscheidungen. In: C. Edding u. K. Schattenhofer (Hrsg.):

Handbuch Alles über Gruppen. Theorie, Anwendung, Praxis. Weinheim (Beltz), S. 16–46.

Schippers, M., D. den Hartog a. P. Koopman (2005): Reflexivity in teams: A measure and correlates. *Report Series in Management* 15: 4–13.

Schmidt, J. (1993): Die sanfte Organisationsrevolution – Von der Hierarchie zu selbststeuernden Systemen. Frankfurt a. M./New York (Campus).

Schulz-Hardt, S. (2001): Entscheidungsautismus bei Gruppenentscheidungen in Wirtschaft und Politik. In: R. Fisch, D. Beck u. B. Englich (Hrsg.): Projektgruppen in Organisationen. Göttingen (Verlag für angewandte Psychologie), S. 269–285.

Simon, F. B. (2014): Einführung in Systemtheorie und Konstruktivismus. Heidelberg (Carl-Auer), 7. Aufl.

Simon, P. (2003): Wie sich Gruppen entwickeln: Modellvorstellungen zur Gruppenentwicklung. In: S. Stumpf u. A. Thomas (Hrsg.): Teamarbeit und Teamentwicklung. Göttingen (Hogrefe), S. 35– 56.

Stempfle, J. (2004): Eine integrative Theorie des Problemlösens in Gruppen I: Problemlöseprozess und Problemlöseerfolg. *Gruppendynamik und Organisationsberatung* 35 (4): 335–354.

Stumpf, S., C. Klaus u. B. Süßmuth (2003): Gruppenreflexivität als Determinante der Effektivität und Weiterentwicklung von Arbeitsgruppen. In: S. Stumpf u. A. Thomas (Hrsg.): Teamarbeit und Teamentwicklung. Göttingen (Hogrefe), S. 143–165).

Stürmer, S. a. M. Snyder (eds.) (2009): The psychology of prosocial behavior: Group processes, intergroup relations, and helping. Hoboken, NJ (Wiley).

Weigand, W. (2009): Die Gruppe als Resonanzraum und Mittel zur Beratung. In: C. Edding u. K. Schattenhofer (Hrsg.): Handbuch Alles über Gruppen. Theorie, Anwendung, Praxis. Weinheim (Beltz), S. 209–257.

Willke H. (1978): Elemente einer Systemtheorie der Gruppe: Umweltbezug und Prozesssteuerung. *Soziale Welt* 29: 343–357.

Über die Autoren

Cornelia Edding, Dr. phil., Dipl.-Psych.; Trainerin für Gruppendynamik (DAGG), Supervisorin (DGSv) und Lehrsupervisorin; Gründerin und Mitglied des Fortbildungsinstituts TOPS München-Berlin e. V.; arbeitet als Coach und Beraterin in freier Praxis in Berlin für Profit- und Non-Profit-Unternehmen; lebt in der Uckermark auf dem »Hof zur Linde«.

Karl Schattenhofer, Dr. phil., Dipl.-Psych.; Trainer für Gruppendynamik in der Deutschen Gesellschaft für Gruppendynamik und Organisationsdynamik (DGGO), Supervisor (DGSv) und Lehrsupervisor, psychologischer Psychotherapeut. Langjähriger Leiter der Sektion Gruppendynamik im Deutschen Arbeitskreis für Gruppenpsychotherapie und Gruppendynamik (DAGG). Trainer und Berater in freier Praxis für Profit- und Non-Profit-Organisationen; Lehraufträge an Hochschulen. Leiter von TOPS München-Berlin e. V., einem Zusammenschluss von gruppendynamischen Trainern, die gemeinsam Fortbildungen und Beratung für Teams und Teamarbeiter anbieten und Supervisoren ausbilden.

Informationen unter *www.tops-ev.de*.

Bernd Schmid | Thorsten Veith | Ingeborg Weidner

Einführung in die
kollegiale Beratung

126 Seiten, 11 Abb., Kt
3. Aufl. 2019
ISBN 978-3-89670-731-4

Der größte Teil unserer professionellen Kompetenz entsteht beim Arbeiten und in der Beziehung zu anderen. Das Konzept der kollegialen Beratung erhebt diesen Umstand zur Methode, mit der sich Kollegen gegenseitig unterstützen und ihr Know-how jeweils passgenau zur Verfügung stellen. Systematisch aufgebaut und genutzt, steigert kollegiale Beratung die Zufriedenheit der Mitarbeiter und verbessert die Effizienz des Unternehmens.

Das Buch führt auf kompakte Weise in die kollegiale Beratung ein. Von den Grundlagen der Methode über den Aufbau einer kollegialen Lernkultur bis zum nachhaltigen Verankern in Organisationen beschreiben die Autoren alle Prozessschritte und Komponenten. Zahlreiche Fallbeispiele, leicht umsetzbare Beratungsübungen, Methodenvorschläge und Checklisten garantieren den direkten Transfer in die Praxis.

„Mit dieser Einführung in die kollegiale Beratung bieten die erfahrenen Autoren sowohl einen fundierten Überblick über das Thema als auch zahlreiche praktische Handlungsempfehlungen für die Etablierung einer kollegialen Lernkultur in Organisationen." Christopher Rauen, Coaching-Report

 Carl-Auer Verlag • www.carl-auer.de